理學 我港

Inscie —— 著

香港
今昔未來
微科學

▎推薦序1

科學作為一種態度

—

2022 年末，阿根廷奪得世界杯冠軍後，我在社交媒體看到的，都是「美斯係好男人」、「美斯同 C 朗如何比較」和「美斯係山東梅建國，哈哈」的「高汁」post，令人納悶。

唯獨 Inscie 的 Instagram 編輯用美斯作例子，探討他小時候患的生長激素缺乏症（又稱侏儒症）。通過一個流行的現象，我們知多了一點人類身體的形態。

那刻，我很感受到「科學」的存在 —— 它就是在一堆無聊的語言中間，因為有人對知識好奇和認真而作的某種介入。「科學」固然是一個「專業領域」，但也可以是一種平民百姓共同分享的精神，一種選擇如何評論事物的態度。

這本書也繼承了這種態度。有些文章一開始介紹村落文化（鹽田梓），地區史和文化（港島的鹹魚和打小人），以及一些很多人談論的平常事（竹昇麵、隔離營和香港天氣），然後通過它進入一些科學性的知識，把現象連接到英語的學術期刊。這應該就是「微科學」？

這做法的好處，是使我這類「科學盲文科人」感到科學比較易把握。一些比較資深的科普作者，介入的往往是早已被劃定為「科學」的議題 —— 氣候、公共醫療、環境等等。我們聽了，覺得

距離有點遠，好像要跟宏大的政策有關、是全球性的現象。但 Inscie 的做法是相反，我們本土日常有很多事情發生，從美斯到竹昇麵，可能無法引起專業科學研究者的興趣，也跟政策沒有關係，但其實都可以由科學的態度去看。

我的科學知識仍然非常貧乏。唸中學時，科學成績已經很差。到我在研究院唸文化研究，才知道一些人文和社會科學學者在上世紀末愈來愈轉向科學，出現了「科學、技術與社會」（Science, Technology and Society，簡稱 STS）此跨學科領域。人文社科學者也有責任閱讀科學研究，跟科學對話，甚至要參與其中，提供一些科學研究較少深入探討的人性和倫理道德議題。STS 今天已是人文社科的顯學。要成為負責任的人文社科人，必須追看科普知識去了解新近的科學發展。

最後，看到有年輕的香港人認真看待知識，用心普及知識，實在十分感動。這幾年的感覺是，很多人都感到無法改變社會，因而絕望。但我更相信的是，不論能否作改變，我們人生在世，仍然要認真看待事物和知識，這是對自己和社會的基本期許。希望 Inscie 往後發展順利！

李祖喬

香港恒生大學社會科學系講師

普及文化刊物《META》和新聞摘要網站 Outside.hk 前編輯

城市如何科學？

一

近二十年來，香港掀起了一個愛護本土文化的潮流。本地歷史故事、舊建築、街坊小店、鄉郊生活等等，都愈來愈多人關心喜歡。我們認識城市文化，就是認識城市的信念和價值觀、日常生活風格、藝術和創造，以及記憶和傳統。但是除了這些城市的人文內容之外，我們知不知道城市背後的科學？

城市是大量人口密集棲居的地方，根據聯合國的報告，現今城市人口已經佔全球總人口的一半，預計到了 2050 年，這個比例將會增加至三分之二。城市為了容納愈來愈多的人，必須在城市規劃、住屋設計、建築工程、環境衛生、交通系統和通訊科技等領域不斷創新，背後就牽涉了很多科學的原理和技術的應用。

城市不單是屬於人類的，城市也同時是很多動物和植物棲居的地方。以香港為例，香港的郊野公園佔地約 440 平方公里，佔全港土地 40%。根據漁護署的資料，我們可以在香港找到差不多

3,300 種植物、55 種陸棲哺乳動物、115 種兩棲和爬行動物、194 種淡水魚、130 種蜻蜓、245 種蝴蝶，以及超過 560 種、相當於全中國三分之一的鳥類物種。香港境內有二百多個島嶼，總海岸線長達 1,180 公里，總海域面積約 1,651 平方公里。在這個豐富的自然環境之中，充滿着自然科學的知識。

我相信，一個城市的文化面貌，跟科學、技術和自然環境是分不開的，而通過認識我們的城市，我們也能認識世界，認識科學。很喜歡這本《我港理學 —— 香港今昔未來微科學》，從本土文化的議題的討論，從讀者身邊關注的事物開始，帶出背後的科學知識，擴闊讀者的視野，讓我們更全面地認識我們的城市。

茹國烈
香港藝術學院院長

▎推薦序3

古語有云「科學就在生活中」，自古以來科學就屬於香港的！相傳於 20 世紀初有位黃大仙自廣東南下來到獅子山下體現科學精神，祂利用燒香所產生的輕煙推導出空氣動力學理論。全靠這位大仙發明燒香來幫助觀察室內空氣流通情況，現代人才能夠判斷一些疾病是如何透過空氣傳播。

講笑咋！講番正經。

有一班很有火的科大師弟妹走遍港九新界，用貼地易明的文字，將香港本土地標和建築物背後的科學與歷史典故娓娓道來。由竹篙灣隔離營談到去長沙灣的竹昇麵，再由西貢離島看古法製鹽說到西九文化區滲滿科技元素的藝術展覽，還有不講不知的香港仔隧道秘密粒子物理學實驗室！

每篇文都是心機嘅來的，還襯托着大師級靚相，這本書好抵買。

麥嘉慧博士（Dr. Karen）
香港科技大學化學博士、自由科普人、前《真係好科學》主持

▍前言

在香港說科學　說香港的科學

一

在香港地，每個人都有自己的聲音，有說不完的話；說科學的話，卻是寥寥可數。在香港地，璀璨又美麗的城鄉共融，以審美的角度欣賞，摩天大廈與城市天際線美不勝收；以科學的角度看，卻看不出個究竟。在香港地，科學是中小學的必修課程之一；在生活中，卻並不是每個人探究事情的方法。

是甚麼窒礙了港人談論科學？
是甚麼遮掩了香港科學的美？
是甚麼蒙蔽了生活中的科學？

假如真的在香港說科學，實實在在地說香港的科學，到底會怎樣呢？

頂着這幾個問號，由一群熱衷科學的科大理科生組成的 Inscie，共同撰寫了這本軟性科普書，誠邀各位一起踏上找尋「我港理學」的旅程。以理科生的視角認識昨日香港的歷史，探索今日香港的現象，解構明日香港的去向。

何謂軟科學？微科學？在學校習得的各種理論原理，充斥着學術字眼，行外人難以明白的，是硬科學。而軟科學，並沒有太高的學術門檻要求，各行各界都能看懂，是為大眾而設的。至於微科學，是以微量的科學原理去拆解生活中「老是常出現」之事物與議題。

在香港說科學，說香港的科學，誰會想到這居然也成了道路之一。

Inscie 樂於傳播科學、享受創作，運用各位成員不同範疇的理學知識，分享對周遭事物的見解，嘗試剖析某些現象的成因，期望帶出日常生活中的科學趣聞，僅憑興趣非牟利地在社交媒體上向大眾分享科學中的點與滴。機緣巧合之下，認識了非凡出版的編輯，參與了第二屆「想創你未來 – 初創作家出版資助計劃」，經過多輪甄選成功在科普書籍類別中突圍而出，獲得資助出版這本書，盼為本地科普界作一點貢獻。

本書集結了多篇以香港的文化與地標作包裝，以科學為主軸的軟性科普散文，讓讀者可輕鬆理解、愉快學習、從另類角度認識香港與科學，希望大家喜歡。

P.S. 筆者鼓勵各位攜着這本輕巧的小書，到訪內文提及的各個景點，以科學的角度重新欣賞我們這個城市！

Crystal 林雪
Inscie

┃目錄

1.1

城門水塘的
白千層

——戰後綠化外援！
透視「甩皮」下的科學？

作者　**Nat**

範疇　植物生態學／環境科學

「妄想這裏有天，會由樹，變成路。」如果看過歌手謝安琪《山林道》的ＭＶ，相信會記得她於茂盛的樹林中穿梭的情景。這個ＭＶ是在新界荃灣區城門谷一帶的城門水塘取景的，從城門郊野公園遊客中心出發，沿着菠蘿壩自然教育徑前行，就會迎來兩旁高大的樹林。大家能夠辨認出這些樹皮呈灰白、黃褐色，看起來「甩皮甩骨」的樹是甚麼品種嗎？

初步認識白千層

—

白千層（*Melaleuca leucadendra Linn.*）是桃金孃科（*Myrtaceae*）白千層屬（*Melaleuca*）植物。樹幹覆蓋着一層層剝落、褐白色的樹皮片塊，因此白千層俗稱「甩皮樹」，其生長時會由內向外生出新樹皮，已死的舊樹皮就會被推到外層，並呈薄層片狀堆積起來。白千層屬於常綠喬木，具有葉片常年長綠而且株型較大的特徵，可長高到 20 至 30 米，是人類身高的十倍以上。置身於茂密的白千層樹林中，不禁感覺到大自然的浩瀚和人類的渺小。

白千層長滿細長的葉子，成熟的葉子約有 25 厘米長、7 厘米寬 [01]。葉片中含有白千層精油，具消炎驅蟲功效，因此被萃取成萬金油等藥膏的原料之一。至於白千層的花，一年會出現兩次花期 [02]，一次在夏天，一次

白千層的淡黃色筒形穗狀花序酷似「鮑魚刷」，散發芳香。

在秋天，花期一般從 5 月份橫跨到 12 月份。開花時，枝條頂端會長出酷似「鮑魚刷」的淡黃色筒形穗狀花序（ Inflorescence ），散發芳香。其後結成深褐色、半球狀的堅硬木質蒴果，一串串的環繞着枝條。果實在雨水充足時會吸收水分變得飽滿，而乾燥時就因流失水分而令果殼出現龜裂，令當中的種子能隨風散播開去。

白千層屬於常綠喬木，四季常青，故相當適合用於環境綠化。

戰後「綠化先鋒」外援

—

據記載，1840 年，時任英國外相 Lord Palmerston 曾形容香港島為「光禿禿的岩石，一間房子都沒有」（A barren rock with nary a house upon it）；到 1861 年，英國植物學家 George Bentham 在其編撰的 *Flora Hongkongensis* 中，仍指港島「山坡荒蕪、蒼涼且缺乏植被」（as barren and bleak in the extreme, and apparently denuded of anything like arborescent vegetation）[03]。對比現時街道上樹木隨處可見，實在是難以想像。港英政府於 1870 年代開展植林計劃，成立「花園和植樹部」（Government Gardens and Tree Planting Department）負責管理及策劃維多利亞城（今中西區至灣仔區一帶）的植樹工作。1880 年代更增設林務員（Forest Guard）崗位，發佈 *Trees Preservation Ordinance* 以阻止市民非法伐木或放牧等破壞樹木和植物的行為 [04]。到了 1938 年，香港島的植被覆蓋率已達七成，又在新界推行大規模種植計劃，包括翌年展開的城門水塘周邊山坡植林計劃。可惜香港在 1941 年遭日軍佔領，為補給燃料供應，日軍竟將全港樹木幾乎砍伐一空，令上述植林成果毀於一旦。

香港在亞熱帶季候風影響下，不同季節的溫度、濕度會出現顯著差距，使岩石受到強烈的風化作用，若同時失去植物根部的抓地作用，土壤就更容易變得鬆散，大大增加下雨時山泥傾瀉的風險。因此，二戰結束後，港英政府立即訂下短期內復種大量樹木的目標，以減少失去植物而導致水土流失並觸發山泥傾瀉的風險。如是者，適應力強、存活能力高的「植樹先鋒」品種 —— 白千層 —— 就被引入香港了。

白干層的多層樹皮，既可防蟲，又能抗火。

白干層這個植物品種原產於熱帶亞洲地區（包括緬甸、泰國、越南、馬來西亞及印尼）及澳洲，可適應本地亞熱帶氣候和多雨多水的地理條件，引進香港後先被種植在城門水塘、新界南生圍一帶地區。由於白干層的根部厚實，生長範圍亦廣，具有很強的抓地能力，能有效達致防止水土流失的植樹目標。而靠着強大的耐水特性，更構成了每逢城門水塘水滿時出現的「水浸白干層」美景，恍如天空之鏡的水面淹蓋着白干層根部，吸引一眾攝影迷前往拍照。

至於白干層賴以成名的多層樹皮特徵，雖然不太美觀，但那其實是最佳防護罩。外層保護着樹幹中心部分，一來有助阻隔昆蟲蛀蝕，二來可充當防火層。當山火侵襲，外層死去的樹皮會先被點燃，而由樹中心延伸開去的樹皮夾層，裏面的氧氣一層比一層少，加上樹皮組織中含有水分，當火遇上水時，水分會化作水蒸氣帶走部分熱量。依據火三角理論，當氧、熱力、燃料三者失其一時，火勢便難以持續，而白干層的多層樹皮能夠減氧和降低熱能，構成抗火性，故身處火海也不易被燒到樹中心的生命組織，在山火過後仍有能力重新發芽生長。

城門水塘水滿時，就會出現「水浸白千層」美景，白千層彷彿憑空懸於水面上。

在艱困中掙扎成長

—

一棵白千層每年能產出上千萬顆種子，儘管種子數量多，但香港的白千層受到栽種位置所限而不容易繁殖開去。基於白千層能夠耐受汽車排放的廢氣、二氧化硫等，具有碳封存（Carbon Storage，即碳被儲存和固定在植物體內）能力 [05]，故除了種植於郊野，白千層亦被大量栽種於馬路作為行道樹。筆者記得過往乘坐巴士經清水灣道進入科大校園的途中，總習慣觀察被兩旁行車路夾着的一排筆直白千層，對其外層樹皮被廢氣熏黑的模樣留下印象。

這些被種植在市區的白千層，其周邊外圍全是既乾又硬的瀝青混凝土，種子難以落在天然土壤生根，萌發率極低。而且白千層生長時會釋放出酸性物質以達至化感作用（Allelopathy），透過向環境釋出化感物質（Allelochemical）來抑制周遭植物生長，令種子難以在鄰近母樹的土壤中生長。基於上述兩項因素，儘管白千層並非香港原生物種，但也不會出現白千層大規模野生化，影響本地原生物種生態的問題。

結語：大自然也要種族多元

—

談到屬於香港的樹木故事，怎能缺了白千層？在香港這個「種族多元」的社會，大眾日常中早已習慣了不同動植物品種的存在。平日上班、上學途中，或是週末到水塘閒逛時，亦不難能看到白千層的身影，這個「綠化外援」已經融入了本港。算算其「移民」年資，絕對夠資格申請為永久性居民呢！

基於化感作用，白千層不會長得很緊密。

01　亞泥生態園區（2018 年 11 月 28 日）。〈植物生態 桃金孃科 白千層〉。取自 https://accpark.org/plant.php?id=71

02　荒野保護協會新竹分會（2022 年）。〈十八尖山的植物 - 白千層〉。台灣：荒野保護協會新竹分會網站。取自 http://bit.ly/3EM51G1

03　周罟年（2021 年 9 月 7 日）。〈英佔初期的香港 究竟是不是 Barren Rock?〉。香港：香港地方志中心網站。取自 http://bit.ly/3ilrpyt

04　楊潤甜（2020 年 7 月）。〈香港的樹木保育〉。香港：香港律師會網站。取自 http://bit.ly/3XCaZl8

05　Tran, D. B., Dargusch, P., Herbohn, J., & Moss, P. (2013). Interventions to better manage the carbon stocks in Australian Melaleuca forests. *Land Use Policy*, 35, 417-420. https://doi.org/10.1016/j.landusepol.2013.04.018

1.2

南豐紗廠

——從一根紗線的誕生談編織之科學

作者　Sun

範疇　材料科學／化學／紡織工程學

位於荃灣的南豐紗廠，經活化保育後，現已化身為知名的文創「打卡」勝地，集結創新科技、文化、藝術、學習體驗和消閒娛樂於一爐。事實上，於 1954 年落成的南豐紗廠，見證着六七十年代香港紡織業和製造業的騰飛，以至八十年代起本地工業日趨式微並朝向第三產業發展的歷史。顧名思義，南豐紗廠是生產紗線的地方，具體上，即是將纖維紡成紗，之後再把紗織成布，而「紡織」屬於成衣產業鏈裏較上游的位置。

「提經打緯」淺談織造品

—

「紡織」屬於最古老的人類活動之一，據從格魯吉亞一處洞穴所挖掘到的遠古先民亞麻纖維編織物顯示 [01]，人類的紡織活動最早見於公元前三萬多年的史前時代。這裏提到的纖維，一般是指天然存在的纖維，較常見的有棉、麻、毛、絲（如蠶絲）四種，棉、麻屬於植物性纖維，毛、絲則為動物性纖維；另外還有藏於地殼岩層的礦物纖維，例如被列為致癌物禁止使用的石棉。簡言之，「紡紗」就是收取動物或植物性等不同的纖維，透過加捻（Twisting）方式使一根以上的纖維不斷相互纏繞抱合成為一條連續延伸的紗線，以便用於織造。

把紗線進行結構設計與組織排列謂之「織造」，大致分為梭織／平織（Weaving），以及針織（Knitting）兩類，所需生產設備亦不同。

南豐紗廠中有壁畫描寫當年女工捲製紗線的情況。

根據所用的線材和編織方法，可令絲織品擁有不同質感，並由此分成各種類的布料。

梭織，是由互相垂直的紗線上下交疊而成，經線為縱向，緯線為橫向，上千條經紗整齊地平行排列，梭子引入緯紗左右來回快速穿梭於經紗中，使經緯紗交織結合成布，而經緯交織的程度也決定了布的強度。簡而言之，「提經打緯」即梭織的織造過程。梭織布強度高，耐洗又耐磨，如襯衫、牛仔布等大多為梭織布，古時民間使用的木製織布工具就是手動的梭織機。

至於針織，則是利用多根紗線環環相扣的原理，將線圈（Loop）不斷套疊而成。

依照所使用的紗線材質、線用量、編織方法等的分別，可製成不同種類、質地、觸感的布料，例如牛仔褲的意大利文語源意思，就是以 45 度角斜紋棉布所織成的褲子；而中文的「綾羅綢緞」，所指的是四種使用不同方法製成的絲織品。

中國古代的絲織品分類 [02]

名稱	特徵
紗	由經紗紐絞而成，孔眼分布均勻，別稱素紗。
羅	由經絲互相絞纏而成，呈現椒孔。
綾	表面為斜向織紋，質地輕薄。
絹	平織，質地細膩、平整。
紡	平織，經緯線無捻或弱捻，質地輕薄、柔軟。
錦	用多色絲線織成，絢麗多彩。
緞	緞紋組織（Satin Weave），外觀平滑、光亮、細密。
綈	平織，應用長絲作經，棉或其他紗線作緯，質地粗厚、織紋清晰。
葛	經曲緯疏，經細緯粗，織物表面為橫向梭紋，質地厚實。
呢	使用較粗的經緯絲線，質地豐厚，有毛感的絲織物。
絨	採用起絨組織（Pile Weave），表面呈現絨毛或絨圈的絲織物。
綢	平織，經緯交錯緊密。
綃	採用平紋或假紗組織，質地輕薄，呈現透孔的絲織物。
縐	應用經緯加強捻等工藝，有彈性，抗縐。

南豐紗廠內展示的一些紗線及紡織品。

⚡ 紡織工業小知識

紡織工業主要部門為纖維、紗、織物、染色和印花（Dyeing and Printing），以及整理（Finishing）等，上列中的首兩項為絲線。

1 纖維

除了文中提過的天然纖維（如棉花、羊毛、蠶絲等），其實人類身上的毛髮也是天然纖維！而纖維的另一大類則是人造纖維（由人工化學品製成），如尼龍纖維、嫘縈（Rayon，人造絲）纖維、聚脂纖維、玻璃纖維等。

2 紗

由多於一條纖維加捻而成的線狀繩線，隨着加捻方式和使用的纖維分別，產出不同的紗線。紗是製成布料的最基本素材之一。

科技與時裝擦出火花

—

在 2022 年 9 月舉行的 2023 春夏巴黎時裝週上，觀眾們於壓軸環節看到了這一幕：近乎全裸的名模 Bella Hadid 站上 T 台，然後由跟法國時裝品牌 Coperni 合作的科學家出場，用噴槍直接將液態布料噴灑覆蓋到 Bella Hadid 身上，最後用剪刀裁去布邊，修剪出高衩裙擺，花了十多分鐘便完成一件極貼身且簡約的雪白晚裝裙 [03]，驚艷全場。

據報道，這次使用的是 Fabrican 液態布料，由西班牙設計師 Manel Torres 和粒子工程博士 Paul Luckham 共同研發，是史上第一款噴霧服裝，液態布料的材質和顏色都有多種選擇。無論是棉、毛、亞麻、尼龍或是奈米碳纖維等原料，加入特製的聚合物溶劑後，噴出時便可附着於人體上，遇到空氣就會快速凝固成不織布。這種液態布料能造出迎合一年四季需要的服飾（差別主要在於塗層厚度）。成品噴好後，不僅可以重複穿着和洗滌，也能以溶劑即刻還原並再利用，十分環保。

掃 Code 即看

Bella Hadid 的液態布料晚裝裙

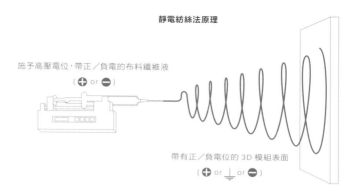

靜電紡絲法原理

施予高壓電位,帶正/負電的布料纖維液
(➕ or ➖)

帶有正/負電位的 3D 模組表面
(➕ or ⏚ or ➖)

另一項科技與紡織結合的項目為 3D 列印,這項技術已在建築和科學界使用了十多二十年,而最初應用於時裝界的個案,則是 2010 年阿姆斯特丹時裝週期間,荷蘭時裝設計師 Iris van Herpen 的作品。

3D「印製」衣服的方法是將 3D 模具放置於機器中,透過名為電場引導型織布(Field Guided Fabrication,簡稱 FGF)技術將衣服打印出來。FGF 原理是使用靜電紡絲法(Electrospinning),對含有紡織材料分子的液體施予高壓電位,令其中帶負或正電位的粒子相互吸引或排斥。最終,當電壓達到一定程度時會噴射出一道液體流,再落到 3D 模組表面。待液體內的水分蒸發後,剩下的便是一條條固定的布料纖維。

不斷重複上述製程，一道道含有布料纖維的液體流持續噴灑到 3D 模具上，最終形成一件與 3D 模組外觀相同的完整衣服。資料顯示，這個技術曾使用滌棉混紡織物（Polyester / Cotton Blend）「印製」出床單、背心、裙子及帽子，儘管現時只能製成白色的布料，但相關開發團隊表示正在研發新的顏色和材質。

結語：南豐紗廠興衰與社會轉型

—

始於 1950 年代的南豐紗廠，印證本地製造業盛世，惟至 1980 年代香港逐步發展第三產業並轉型為金融城市，經濟起飛扯升地方租金，不利佔地大、人手多的製造業；此外，紡織技術普及化，廠商紛紛移往內地或東南亞，令本地傳統紡織技術被時代洪流淘汰，

南豐紗廠外牆上有葡萄牙藝術家 Vhils 製作的壁畫 Unsung Heroes，以女工肖像向昔日紡織業者致敬。

南豐紗廠亦於 2008 年停止營運。工廠林立的景象一度是香港標誌，然而如今空餘廠房，不禁讓人感嘆時日變幻。儘管南豐紗廠的產紗使命消失了，但它又以另一面貌重生，為我們呈現昔日的紡紗技藝，讓新一代可發掘傳承本土記憶，當中不涉遺憾或可惜，只能說這就是城市的變遷。

👤 我港學人小檔案

陶肖明教授

香港理工大學紡織工程專家、
吳文政及王月娥紡織科技教授兼智能可穿戴研究中心總監

———

當有上萬年歷史的紡織遇上現代智能科技，融合出來的便是智慧纖維（Intelligent Fabric）——能感知外界環境（機械、熱、化學、光、濕度、電磁等）或內部變化，作出回應的纖維！

本港科學界在這領域亦不乏貢獻，代表者之一為陶肖明教授，她致力於智慧纖維材料、奈米技術、光子纖維和織物、柔性電子和光子設備、智能可洗技術、紗線製造和紡織品複合材料等研究，至今已發表超過 800 篇科研文獻，2001 年推出著作《智慧纖維、織物和服裝》更是為此領域開先河的首部專書。

01 Kvavadze, E., Bar-Yosef, O., Belfer-Cohen, A., Boaretto, E., Jakeli, N., Matskevich, Z., & Meshveliani, T. (2009). 30,000-Year-Old Wild Flax Fibers. *Science, 325*(5946), 1359–1359. https://doi.org/10.1126/science.1175404

02 中國科普博覽（2017 年）。〈絲織品的十四大類〉。中國科學院科普雲平台網站。取自 http://bit.ly/3OGeGSK

03 Maguire, L. (2022, October 1). A spray-on dress and a solid gold bag: Coperni goes after Gen Z with novelty and fun. Vogue Business. https://bit.ly/3V6wRmj

1.3

西貢鹽田梓

——百歲鹽田
揭示人 × 鹽微科學

作者 靛藍色

範疇 食物科學／有機化學／營養學

香港人素來熱愛旅遊，惟在疫情肆虐期間，封關和檢疫措施令外遊變得不便，靈活變通的港人遂轉移焦點至本地遊，嘗試探索香港的另一面。有不少人特別鍾愛離島地區那種恍如身處外地的悠閒感，假如可再添加多一點點本地情懷就更理想了。想兩全其美？到西貢公眾碼頭乘搭街渡 15 分鐘，我們就可以到達鹽田梓（又名鹽田仔），追尋一個有百年歷史的鹽業故事。

西貢鹽田梓歷史

一

鹽田梓是一個位於西貢內海的小島，據記載，約 1700 年代，客家人陳氏夫婦從內地鹽田村移居香港，之後在西貢落戶開墾鹽田，產鹽售予西貢一帶居民以作生計，並因此把居住地命名為鹽田梓（「梓」意指鄉里，意思是不忘故鄉）。從陳氏夫婦「開村」建立鹽田梓村計起，至今已有約三百年歷史，也為我們留下了香港百年前的產鹽故事。

要說鹽田梓的最大特色，當然是那裏保留着的古法鹽田場。由於這裏最高海拔僅 37 公尺，潮漲之際海水淹沒大片平地；潮退時，平地則曝露在太陽底下，因此環境非常適合曬製海鹽，鹽田梓更曾被稱為香港五大鹽田之一 01。惟至上世紀二十年代當地已停止產鹽，鹽田荒廢，至 2013 年才復修活化。至於鹽田梓的另一特色則是融匯天主教及客家文化，傳統客家村屋之間建有具異國情調的西式教堂，事源 1864 年有兩位傳教士到來佈教，天主教自此變成島上的主要宗教信仰。

海水曬鹽微科學

—

鹽田梓古時以水流法製鹽，海水先經過鹽田梓外圍的紅樹林作「天然初步過濾」，之後鹽工在曬鹽時會將這些海水引入鹽田，經過多層水池隔除海水中的雜質，同時持續日曬，讓海水結晶成鹽。說起來簡單，但大家可有想過背後的科學原理嗎？

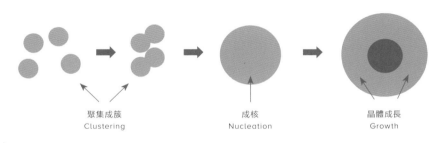

聚集成簇
Clustering

成核
Nucleation

晶體成長
Growth

結晶（Crystallisation）過程

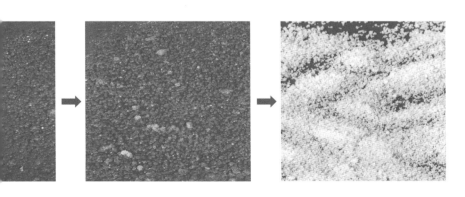

鹽的主要成分是氯化鈉（NaCl），而曬鹽其實是一個名為「結晶」（Crystallisation）的化學過程。當化學物質的濃度超過溶劑（如水）的溶解度時，就會發生結晶，其中包含了兩個步驟：第一步是成核（Nucleation），即溶質分子（Solute molecules）聚集成簇（Cluster），並達到構成結晶核的大小；第二步是晶體成長，結晶核組成後不斷擴大並結成晶體。可以想像一下，成核就好像一堆無依無靠的遊民（溶質分子）為求互相照應而集居（成簇），之後逐漸擴張成小村落（結晶核），再吸引更多人來住（晶體成長），這可能也有點像鹽田梓的成村過程呢。

鹽田梓其中一個蒸發池，底部鋪有鵝卵石，以提升過濾海水中雜質的效果。

海水本身含有許多礦物，當中包括鈉離子（Na+）和氯分子（Cl-），正常情況下兩者被水分子（H2O）阻礙着故難以結合。當海水被引進留在蒸發池時，太陽持續照射海水使水分子逐漸蒸發，留下來的鈉離子和氯分子沒有了水分子阻礙，能夠正負相吸組成氯化鈉（NaCl）分子。當這些海水的含鹽量濃度（即波美度（°Bé）用於表示溶液濃度）提升至 25% 時，海水便成為「鹵水」（Brine，不是潮汕調味料那種滷水喔）。當天晴時，鹽工會把收集起的鹵水倒進結晶池，待水分被日照蒸發後，更多的氯化鈉聚集一起，最終結成鹽粒。

有趣的是，鹽田梓分別有四個蒸發池，底部各自鋪上了不同的材質，例如小石頭、鵝卵石、瓦片等 02，各有妙用。小石頭可以清走水中雜質，鵝卵石能增加池的表面面積作過濾用途；瓦片則在有日照時吸熱，並在夜晚散發熱力，有助延長蒸發時間，加快產鹽工序。鹽工在每次「放水」把海水引到下一個蒸發池前，都要花心機監察池水中的鹽分濃度，數百年前的師傅或者只能靠經驗和感官，現代鹽工則可以用儀器偵測水的波美度。此外，天然製的海鹽經陽光高溫消毒和蒸發去除雜質後，仍會保留鈉、鉀、鎂、鋅、鈣等礦物質，所以在鹹味之外，有人說它還存在比工業精製鹽更多層次的味道。

開門七件事 人不能缺鹽？

—

故老相傳「開門七件事」：柴、米、油、鹽、醬、醋、茶，泛指七種日常生活必需品，鹽能躋身前四之列足見重要性。現代人不用燒柴，米和油均不乏代替品，唯獨鹽仍是不可或缺，除了用來煮餸的食鹽或泡澡時用的浴鹽外，大家知道人類必需攝入適量鹽分才能夠維持生命嗎？

鹽，即氯化鈉，不只是一種化合物，更是一種電解質，當電解質溶於液體，例如血液之中，就會產生鈉離子（Na+）等自由離子。鈉在傳遞神經信息和控制肌肉，以及維持適當的體液平衡扮演着重要角色。在傳遞神經訊息和控制肌肉的過程，鈉和另一種元素鉀（K+）成為拍檔，形成使神經訊息得以傳遞的動作電位（Action Potential），讓神經訊息得以傳遞。換言之，如果人體缺乏鈉，會令肌肉活動功能及神經傳遞功能下降，引起痙攣，更嚴重者可致休克甚至死亡！然而，過猶不及，如果我們在飲食中攝取過多的鹽，也會產生負面影響。

食鹽多過食米的危機

—

根據世界衛生組織建議，成年人每日應攝取少於 2,000 毫克的鈉（約 5 克鹽）。惟香港衛生署資料顯示，本地成年人平均每日約攝取 8.8 克鹽，即是超標！攝取過多的鹽分會累積於人體（如血液內），基於

鹽田梓復修後亦重新生產日曬海鹽。

滲透效應，水分子會由較多水分子、即水勢（Water Potential）較高的地方，滲透至較少水分子（水勢較低）的地方，直至兩邊的水勢相同。若血管內的鹽分較高，代表水勢較低，會導致更多水分子滲透進血管裏，提升血管內的流量，使心臟負荷更大，長遠可增加患上高血壓、心臟病、中風等的風險，嚴重或致心臟衰竭。

因此，當長輩說「我食鹽多過你食米」時，記得提醒對方過量攝取鹽分對身體有害，為健康着想應嘗試減少膳食中的鈉含量，控制每天食少於 5 克鹽。

結語：鹽田梓保育傳承文化

—

隨着香港開埠後經濟逐步發達，帶動城市發展，加上內地和東南亞產鹽搶市場，本地曬製鹽業於上世紀初漸漸被時代淘汰，鹽田梓的村民亦陸續遷走，最後一戶於1998年搬離，鹽田梓自此成為廢村。幸而，2000年，一批鹽田梓原居民積極推動祖村保育和社區復興，進行多項改善工程，包括復修百載鹽田，活化這個小島。上述行動更備受國際肯定，分別於2005年及2015年獲聯合國教科文組織頒發亞太區文化遺產保護獎的優異項目獎與傑出項目獎。

自旅遊事務署在2019年設立了為期三年的鹽田梓藝術節後，島上持續有不同的文物展覽和導賞團。大家準備好在這個週末到鹽田梓走走，品嚐一下本地製造的日曬海鹽了嗎？

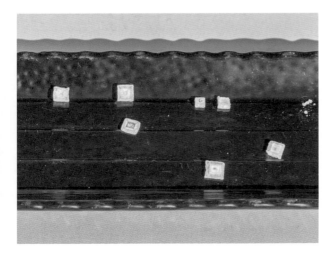

受氯化鈉的分子結構形狀影響，在靜止鹵水中結晶的鹽會呈方形。

鹽田梓復修和活化項目獲國際肯定，同時亦為港人和旅客帶來新的遊歷體驗。

參考資料

Bigler, A. (2022). Pass the Salt: Sodium's Role in Nerve Signaling and Stress on Blood Vessels. Retrieved 2 October 2022, from http://bit.ly/3gpdFlo

Whitehead, K. (2022). Hong Kong's little salt pan, Yim Tin Tsai. Hong Kong Tourism Board. Retrieved 2 October 2022, from http://bit.ly/3dw0xti

01　香港五大鹽田除了鹽田梓之外，其餘四個據傳分別為：大嶼山的大澳、屯門新墟與皇家圍、沙頭角的鹽寮下、大埔船灣的鹽田仔。

02　宋霖鈴（2021年1月12日）。〈西貢袖珍土炮鹽場 天然生曬海鹽 粒粒皆甘甜〉。《明報》。取自 http://bit.ly/3LxNVORj

1.4

大澳棚屋

——解構百載不朽之木

作者　**Sun**

範疇　化學／工程學／建築文化／材料科學

位於香港離島大嶼山西部的大澳，堪稱是香港最著名的老漁村了。一間間搭建在近岸海面上的棚屋，一艘艘停靠在周圍的漁船與舢舨，還有偶爾飄來一陣陣鹹魚、蝦醬等乾貨海產獨有的鹹香味，置身其中，充分感受到舊式漁村風情，令大澳被譽為「東方威尼斯」。

木材長期浸在海水中按理會發霉爛掉，但大澳棚屋好像突破了上述常識。

筆者相信絕大多數香港人都不會對大澳、以至當地碩果僅存的棚屋感到陌生，就算沒有親身看過，也會從電視或其他傳播渠道聽聞過吧。但大家有沒有想過棚屋當中蘊藏的科學原理呢？這種以木材為主要材料在石墩上搭建的房屋，基本上不滲雜混凝土或鋼筋水泥，何以能傳承逾百年？就由筆者為你揭開大澳棚屋的奧秘吧。

潮退時，可看到棚屋底部的坤甸木支架和吸附着的大量石蠔，部分支架已包上混凝土。

從結構和材料科學認識棚屋
—

棚屋作為大澳獨特的水上房屋，被視為東南亞盛行的杆欄式建築（Stilt House）之一，始建於何時已不可考。據估計，距今百多年前，原本在大澳一帶生活的蜑家漁民開始放棄浮家泛宅式的船艇生活，初時把破舊木船停泊在沙灘上再用木柱鞏固，慢慢改為以石磡作基，輔以鋅鐵片等搭建，最終演變成今天大家看到的棚屋。

一般而言，棚屋設有稱為「棚頭」的平台，可作晾曬衣被或鹹魚蝦乾等用途，同時是棚屋間的主要通道及居民聚會的地方。早期棚屋主體大多分為三部分：睡房、安放神位的地方以及客廳，每間棚屋必設有小梯伸延到水面，方便直達棚下的小艇或舢舨（若居民想到大嶼山，須乘小艇舢舨接駁出入）。棚屋之間設有木樁、木板搭成的棧道相連，戶戶相通，反映棚屋居民彼此鄰里關係密切。過往的棚屋不單是一個居所，更是漁商的店舖，作為向漁船收購漁獲的地方，也盛載着大澳的水鄉情懷與故事。

大澳棚屋建於海水上，在建築過程中，村民先利用岩石作椿柱，儘管岩石堅硬，但不耐受海水和石蠔等生物的侵蝕，長期下來往往令整個棚屋變得搖搖欲墜。基於安全問題，較近代的棚屋選用「坤甸木」作支架。

坤甸並非一種樹木品種，「坤甸」（Kota Pontianak）是一個印尼城市，顧名思義，它並非本港原生樹木品種。坤甸木是紅木的一種，因為木質容易因乾燥而爆裂，故不宜放置在乾燥的環境，結果用作棚屋的椿腳，長期浸水反而更有利。相比起其他品種的樹木，坤甸木更適合棚屋使用，而且這種木材的硬度和耐用抗蝕能力高，氣乾密度達 0.83 至 1.15g/cm^3（家居常見木材白橡木的氣乾密度約 0.71g/cm^3），堪比金屬，可以用上百年，遠勝其他品種的木材只可用三四十年左右。

據悉，由於中式漁船的龍骨就多以坤甸木作支架，所以建造棚屋時取材不太困難。穩固度方面，坤甸木耐水，且無懼石蠔侵蝕，相當可靠；值得一提的是，現時大家會看到棚屋的坤甸木柱有混凝土包裹，但據知並非為了加固，而是防止受船隻碰撞破壞而已。

大澳一排排恍如浮於海面上的棚屋，帶來濃厚的水鄉情懷。

氣候變化　滅頂之災？

—

氣候變化不但威脅着意大利威尼斯，位於香港的「東方威尼斯」也面臨莫大危機。香港天文台的氣象專家表示，本地海平面正以每年三毫米的速度上升。由此估計，若情況持續，大澳漁村或會在未來幾十年遭淹浸。美國太空總署地球科學部主任 Michael Freilich 形容，海平面上升對全球有「深遠的影響」，而全球有超過 1.5 億人住在高於海平面不到一米的地方，其中大多數位處亞洲。換言之，海平面上升不單影響大澳，就連附近一帶的新市鎮和其他臨海區域也受影響。

為解燃眉之急，美國大氣研究中心（NCAR）近期研究指出，即使無法立即減少二氧化碳的排放，但透過減少產生其他四類溫室氣體：甲烷、煤煙、冷媒及二氧化氮，也能為保護海岸線爭取更多時間，研究預計若能大幅度減少這些溫室氣體的排放量，到 2100 年能把海平面上升的速度減緩 22% 至 42%。當然，這是治標不治本，只能延緩海岸線被吞噬的時間，最終還是要處理二氧化碳減排的問題。

結語：傳承保育須民間支持
—

NCAR 的研究數據可供政府作為沿海居民遷移對策的參考，但目前各國仍未對減排措施取得共識，各國愈早採取減碳措施，愈能為人類的未來爭取更多的時間，應對日漸上升的海平面。

至於大澳棚屋，相比起海平面上升帶來的淹浸之災，更迫在眼前的難關在於日久失修，尤其是在城市化發展下，棚屋住戶大減，同時缺乏新建棚屋，搭建技術隨時失傳；而現存舊棚屋亦面對破落或火災等風險。目前大澳致力發展本土遊冀藉此爭取資金保育，也算是保護棚屋文化的可行途徑之一。希望讀者們看完本文，在假期時不妨去大澳走走，亦是對棚屋的一點支持。

大澳漁村的傳統文化、工藝和產品，都跟棚屋一樣值得保育留傳。

1.5

黃大仙

——香火鼎盛下的壞腦危機
與救命符

作者 Crystal 林雪

範疇 食物科學／化學／神經學

每到農曆新年,電視一定會直播各區的喜慶景況,維園有年宵花市,而黃大仙祠則有海量善信排隊搶上「頭炷香」[01]。筆者兒時曾於年初一被家人以「感受一下濃厚的節慶氣氛」為由帶到黃大仙祠,在對黃大仙零認識下,受困於人群洶湧、煙霧瀰漫的空間中,只覺得有夠難受。現在回想起那狀況,其實這些燒香除了令眼鼻過敏之外,對人體是否有更大禍害?而香港的黃大仙信俗又是怎麼一回事?

燒香，到底在燒甚麼？

—

據管理黃大仙祠的嗇色園官方網站資料，位於廣東的黃大仙道壇於 1915 年南下香港佈教，1921 年在香港九龍獅子山麓一處竹園建祠，到 1969 年港府更正式將黃大仙祠與鄰近地區命名為「黃大仙區」[02]，至今信眾不絕、香火鼎盛。說到香火，即平時所說的「燒香」，到底背後有甚麼科學原理？

燒香的輕煙往上升，原來跟空氣受熱後的密度變化有關。

香是由竹枝（香腳部分）、香劑、黏粉、着色劑組合而成。燃燒的香會釋放出香氣藥劑和一縷輕煙。而在神像或神祠中燒香（上香），其實含有「供養」神明（享受香火）的意思。同時，由於燒香時，煙會向上升，所以當人們持香祈禱許願時，感覺願望就恍如隨着煙騰升，最終上達天聽。但不知大家有否思考過，為何一般常見的煙，例如水蒸氣、工業或交通工具廢氣、燒香的煙，都是上升而非下沉呢？

燒香時煙往上升的原理很簡單，因為在燃燒點或發熱點附近的空氣受熱膨脹，密度變得比周邊相對較低溫的空氣為低，其受地心吸力的影響更小，故往上升。此現象在日常生活中無時無刻都在發生，只因燒香產生的煙 —— 未完全燃燒化燼的有機物質微粒 —— 肉眼可見，當它們隨熱空氣上升，就看到「煙向上升」。

香火還蘊藏着其他玄機，燒香原來會導致環境中懸浮微粒的數量增加，衍生的危害跟二手煙類似，會影響身體健康，長時間吸入甚至可致癌。由於本地市面的香火多以木材為主要製作原料，燃燒後往往會產生懸浮粒子、一氧化碳及二氧化硫等空氣污染物，其產生的懸浮粒子量比燃點香煙所產生的多 4.5 倍 [03]。

燒香損害大腦功能？
—

香港中文大學醫學院在 2020 年發佈的一項研究指出，有室內燒香習慣（平均每周至少一次）的長者，其認知能力、思考能力、視覺空間能力和記憶力，明顯差於無燒香習慣的長者。此外，燒香有機會跟血管疾病及相關風險因素（例如糖尿病及高血脂等）產生交互作用，進一步削弱長者認知能力。長期於室內燒香除損害長者大腦功能與認知能力，更有可能增加患上阿茲海默症（即老人痴呆症）及血管性認知障礙的風險 [04]。

不過，坊間流傳香燭含有多種可致癌物，例如苯、甲醛、甲苯與多環芳香烴等，並非完全正確。這些有害物質只有在香燭高溫燃燒、引起熱分解的化學反應下才會產生，換言之，一般上香未必出現，除非使用較高溫的化寶爐來燒大量香火吧。須小心的是甲醛、甲苯等乃中樞神經刺激物，可致神經系統受損，而多環芳香烴化合物則有機會引起細胞發炎性反應。

黃大仙祠殿外的香爐設
有拱橋式「煙香減少及
除味系統」(箭嘴示)。

說了這麼多,意思不是禁止善信燒香,但為保障自己和
家人健康,最好還是避免在室內燒香,以及不要長時間
逗留在香火鼎盛的廟宇內為妙。

科研合作減焚香禍害

—

當然,若善信仍渴望親到黃大仙祠參拜,那麼唯有借助
科學的力量減輕燒香化寶對人體和環境的影響了。而
黃大仙祠已於 2017 年跟科大團隊合作,在大殿外壇設
置拱橋式「煙香減少及除味系統」(Incense Smoke &
Odour Collection & Filtering System)[05]。

在插香的爐架上，設有一個橫向的吸氣管道，這個貌似抽油煙機的系統內設靜電除塵機，在吸入燒香產生的煙後，以放電形式讓進入機器的香火微粒附上正（或負）電，再由系統內部的負（或正）電場區藉正負電荷相吸的原理，收集並去除掉懸浮微粒。之後，系統會利用沸石及活性碳等對有機化合物的吸附作用（Adsorption），藉此去除焚香後產生的致癌物如多環芳香族碳氫化合物（PAHs）及甲醛等，最高可減除八成懸浮微粒和六成氣味。

結語：嗇色園推動科學教育
—

在 2014 年，「黃大仙信俗」獲列入國家級非物質文化遺產，堪稱本土文化不可或缺的一環，而嗇色園作為該信俗的代表，建祠供奉黃大仙只是其公益慈善服務的一部分，其他還覆蓋醫療、社會及教育服務等領域，當中包括推動本地科普發展！由 2009 年開始，嗇色園便資助流動實驗室計劃以推動生物科技教育，在一輛 12 米長的歐盟五型環保單層巴士中設置大學級的實驗室儀器，駛到不同中小學校為師生提供科學與生物科技實驗，亦會以外展形式舉辦面向公眾的工作坊 [06]。信眾崇拜黃大仙祈求心靈和生活品質提升，而與時並進的嗇色園也確實回饋社會，讓優質科學教育普及化，回首看來，黃大仙的「南下指示」實在高瞻遠矚。

跟住 Inscie
小編遊黃大仙

嗇色園除了管理黃大仙祠,更在推動科技教育和社區公益等事務上作出貢獻。

---

01 頭炷香,意思是農曆年除夕夜甫進年初一之際,向神明敬獻的第一爐香,以表虔誠和有最大功德。

02 〈關於嗇色園〉(2022 年)。嗇色園官方網站。香港:嗇色園。取自 https://www2.siksikyuen.org.hk/zh-HK/aboutssy

03 Wong, A., Lou, W., Ho, K. F., Yiu, B. K. F., Lin, S., Chu, W. C. W., Abrigo, J., Lee, D., Lam, B. Y. K., Au, L. W. C., Soo, Y. O. Y., Lau, A. Y. L., Kwok, T. C. Y., Leung, T. W. H., Lam, L. C. W., Ho, K., & Mok, V. C. T. (2020). Indoor incense burning impacts cognitive functions and brain functional connectivity in community older adults. *Scientific Reports*, 10(1). https://doi.org/10.1038/s41598-020-63568-6

04 同註 03。

05 Sik Sik Yuen - Incense Smoke Reduction System. (n.d.). http://bit.ly/3EyOPHY

06 嗇色園生物科技流動實驗室計劃(2022)。〈關於流動實驗室〉。香港:嗇色園生物科技流動實驗室計劃。取自 http://mobilelab.hoyu.edu.hk/intro/

1.6

香港仔避風塘

——漁業機械化與海洋保育

作者 胡迪

範疇 生物／海洋科學

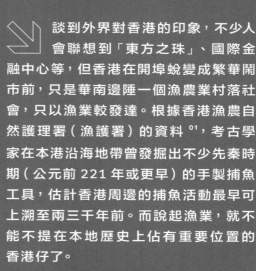

談到外界對香港的印象，不少人會聯想到「東方之珠」、國際金融中心等，但香港在開埠蛻變成繁華鬧市前，只是華南邊陲一個漁農業村落社會，只以漁業較發達。根據香港漁農自然護理署（漁護署）的資料 [01]，考古學家在本港沿海地帶曾發掘出不少先秦時期（公元前 221 年或更早）的手製捕魚工具，估計香港周邊的捕魚活動最早可上溯至兩三千年前。而說起漁業，就不能不提在本地歷史上佔有重要位置的香港仔了。

Little HK 如開埠後縮影
—

香港仔在本地史上有何重要位置？其中一個傳說是，
鴉片戰爭後，英軍於赤柱一帶登陸香港，並找了一位本
地水上人（傳說中的「阿群」）帶路往中上環 [02]，途徑
香港村（今黃竹坑一帶）之際，英軍詢問此地名稱，阿
群便以水上人口音回答「康港」。雖然那時「香港」二
字僅指「香港村」，但英國人卻誤以為這是整個香港島
的稱呼，以英語拼音成「Hong Kong」[03]，此後原本的香
港村一帶就被改稱為香港仔（Little Hong Kong），在日
佔時期則被稱為「元香港」，即「香港的源起」之意，可
見香港仔的特別地位。

香港仔避風塘設有金屬
塑像，展示漁民傳統的
捕撈活動。

舊日香港有「八大漁港」，分別為香港仔、大澳、長洲、青山灣（位於屯門）、筲箕灣、大埔、沙頭角及西貢，而由二戰後至上世紀九十年代，香港仔、筲箕灣和長洲三地漁船共貢獻了全港九成的漁穫和產值，香港仔避風塘一帶在高峰時期曾停泊超過二千艘漁船 [04]，對本地漁業發展具重要影響力。此後隨着香港城市發展，泊於這裏的漁船會直接在船上經營生意，例如售賣艇仔粥、避風塘炒蟹等美食，吸引大量本地或外來遊客，儼然自成一個小旅遊區，也恍如香港由漁村發展至商業都市的縮影。

漁業興衰與科技發展

漁業是香港開埠初期的主要產業之一，香港魚類統營處（魚統處）於 1945 年成立後，制訂本地海魚批銷制度，並提供貸款服務讓漁民添置機械裝備。至 1960 年代本地漁業進入全盛期，整個香港有過萬艘漁船。然而，至七八十年代，漁業趨向現代化，機動漁船遠洋作業逐步取代傳統帆船近岸撈捕。引進新科技後，無可避免會取締一些原本由人力完成的工作。

加拿大卑詩大學的研究團隊曾進行研究，探討高科技設備如何影響漁船編隊的捕撈效率，找出引入科技使捕撈效率出現技術爬升（Technological Creep）的因子，推算一支 10 艘船的編隊，在科學技術演進下經歷一個世代後，將具備相當於此前 20 艘船的捕撈能力，下個世代則具備 40 艘船的捕撈能力 [05]。換言之，兩個世代後，只靠 10 艘船便可獲等同 40 艘船的漁穫量（即可省減 30 艘船和人手）。

在整個漁業市場勞動力需求遞減下，不少漁民賣掉船艇上岸轉行謀生，再加上環境污染與過度捕撈致漁獲量大減，具備較高學歷的漁民下一代拒絕繼承水上人工作，以及政策如本港海域禁止拖網捕魚等因素 06，結果導致本地漁業日益式微。如今想回味漁業與漁港風光，以至水上人風俗等本土文化，不少人都會首推仍然泊滿各式船隻、小艇街渡川流不息的香港仔避風塘 07。

捕魚作業的雙刃劍效應
—

言歸正傳，捕魚活動大致可分為近岸作業和遠洋深海作業兩大類。在漁業尚未現代化的階段，漁民大多是靠人手搖櫓推動木漁船，只能在離岸較近的海域進行撈捕作業。其間使用的捕魚手段種類繁多 08，例如「摻繒」是透過在漁船兩側繫上漁網捕捉近海面的魚蝦；「罟網」是藉燈光吸引魚群再下網圍捕；「延繩釣」則利用長膠絲配上魚鈎和魚餌引誘海魚上釣。

機動漁船變得普及後，科技進步使漁民有能力航行到更遠的海域，加上近岸漁獲因濫捕和污染而大幅減少，漁民都渴望駛到未被開發的海域「搶頭啖湯」，故本地漁民在九十年代後就陸續由近岸轉往遠洋執行深海作業。

談到遠洋深海的捕魚方法，相信大家都會聽說過「拖網捕魚」。顧名思義，這方法是利用漁船拖動漁網打撈漁獲。若是使用一艘漁船拖動一個漁網，俗稱為「單拖」；而進行參與深海作業時，漁民會進行「雙拖」——兩艘漁船共同拖網捕捉在海床上棲息的魚。

儘管拖網作業能帶來豐富漁獲，但同時是一把雙刃劍。由於這是一種非選擇性的捕魚方式，打撈過程往往都會構成誤捕，即魚類以外的物種「誤墮漁網」。對漁夫而言，魚網中的「混獲」（Bycatch，即意外捕撈的非目標海洋生物）並沒有商業價值，最終只會被棄屍大海，無辜犧牲。

此外，大面積的漁網在海底拖行就猶如一部推土機駛過，會對海床造成嚴重破壞，使居住於海床的底棲生物（Benthic Organisms）如珊瑚、海星、海葵等許多物種受破壞或失去棲息地。魚網拖行過程亦會捲起海床的沉積物，令本來儲存在海床中的養分流失 [09]。上述影響不單扼殺海中生物的生存空間，長遠更會打亂食物鏈，對海洋生態百害而無一利。

本地漁民進行近岸作業時使用的流刺網，已列入本地非物質文化遺產名錄。

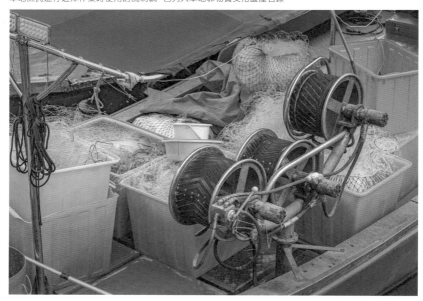

相比拖網捕魚，竿釣是一種較具可持續性的捕撈方式。竿釣作業的方式相對原始，漁民首先會將誘餌投入海中，當海魚咬餌時以人手捕獲上來。竿釣不僅不會對環境構成破壞，更能夠避免過度捕撈的情況。魚叉捕魚是另一種對環境友善的捕魚方法。漁民會在水面或潛入水中使用魚叉或魚矛槍捕獵海魚，既不會影響生物棲息地，也有選擇性，不會誤殺無辜生物。

香港仔避風塘泊滿了各式漁船、住家艇與遊艇。

我港理學——香港今昔未來微科學

未來漁業需可持續發展

—

為了保育漁業資源以及確保漁業的可持續發展，香港政府近年推行了一系列漁業管理措施。在現行《漁業保護條例》下[10]，本港海域全面禁止拖網捕魚活動，不准使用炸藥、有毒物質或電力等具破壞性的手段捕魚，又透過漁船登記制度和限制新漁船加入等措施規管撈捕活動，以保護本地海洋生態並減低過度捕撈問題。

除了立法，政府亦投放資源改善海洋生態環境。漁護署自 1996年起在主要的魚類產卵地如各個海岸公園、西貢的牛尾海和大灘海等設置人工魚礁——以混凝土、輪胎或拆卸建築物料構成的海底結構物，可為藤壺和青口等物種提供優良的依附點，從而吸引魚類。官方數據指出[11]，有超過 220 種魚類在人工魚礁覓食、棲息、產卵和繁育。值得一提的是，近年興起的 3D 打印技術亦為製作人工魚礁帶來更多可能性，以 3D 打印製作人工魚礁所需的成本和時間都較低[12]，更可參照珊瑚礁結構，製作出仿真度更高的成品。

根據漁護署的研究[13]，發展水產養殖將是本地漁業另一出路。署方近年積極推動養殖業發展，包括向養魚戶提供培訓及進行養殖試驗等，更於 2019 年建議在黃竹海、外塔門、大鵬灣及蒲台（東南）四個地方增設新養殖區[14]，預計新養殖區若獲充分利用，每年可額外生產 5,000 公噸海魚！然而香港缺乏足夠人力資源支撐養殖業發展。例如台灣有研發團隊運用人工智能將資深漁民的知識和決策經驗轉化成數碼紀錄，以解決水產養殖業經驗傳承問題[15]，韓國、丹麥亦在大學開辦漁業課程培訓人才，惟香港目前尚缺乏相關資源和配套。

結語：本地漁業之明日戰記

—

從開埠到上世紀七八十年代，漁業都是支撐香港的產業之一，可惜隨着社會變遷等影響而漸趨式微。為守護這個具歷史及文化意義的行業，社會各界都應出一分力推動漁業可持續發展，例如政府應向漁業提供更全面的援助，學術界和科研機構可進行更多相關研究。

特區政府於 2021 年在東龍洲魚類養殖區設立了首個深海網箱養殖示範場 [16]，並向業界和有意投身行業的年輕一代提供實地示範及實習培訓，以推動現代化海魚養殖技術。期望港府實踐 2022 年《施政報告》中提出的「漁農業可持續發展藍圖」，助本地漁業建立一個更美好的將來。

01 漁農自然護理署（n.d.）。〈香港漁業歷史及發展〉。香港漁民文化與海洋及地質資源導賞
團 - 大澳一帶水域。取自 https://bit.ly/3j3yHXO

02 港識多史（2021 年 1 月 25 日）。〈【香港開埠】阿群帶路傳說〉。
港識多史 | 香港歷史社會研究社。取自 https://bit.ly/3FWLTXG

03 樂怡生活（2018 年 6 月 13 日）。〈香港島街名考察（九）香港仔今昔（上）〉。樂怡生活網
站。取自 https://bit.ly/3PV42bw

04 羅家輝、吳家文、尤炳軒（2016 年）。《做海做魚──康港漁業的故事》。香港：三聯書店。

05 Palomares, M. L. D., & Pauly, D. (2019). On the creeping increase of vessels' fishing power.
Ecology and Society, 24(3). https://doi.org/10.5751/es-11136-240331

06 陳惠珍（2018 年 6 月）。〈社區藝術在漁民社區〉。文化研究 @ 嶺南。取自 https://bit.
ly/3vl3q5z

07 袁源隆（2021 年 6 月 21 日）。〈舢舨遊覽香港仔 傳承漁港水上人文化〉。《明報周刊》網
站。取自 https://bit.ly/3hYEiyp

08 非物質文化遺產辦事處（2021 年 12 月 28 日）。〈近岸作業〉。香港非物質文化遺產資料庫。
取自 https://bit.ly/3YZmjJ4

09 U.S. Geological Survey (2016, March 14). What a drag: The global impact of bottom trawling:
U.S. geological survey. What a Drag: The Global Impact of Bottom Trawling. U.S. Geological
Survey. Retrieved January 1, 2023, from https://bit.ly/3GaKSd

10 漁農自然護理署（n.d.）。《漁業保護條例》。香港：漁農自然護理署。取自 https://bit.
ly/3YTWHNx

11 漁農自然護理署（2016 年）《漁農自然護理署年報 2015-2016》。香港：漁農自然護理署。
取自 https://bit.ly/3Q0ZFvE

12 Marsh, J. (2022, September 12). What is the outlook for restoring coral reefs through 3D
printing? 3DPrint.com | The Voice of 3D Printing / Additive Manufacturing. https://bit.
ly/3GdDg9V

13 漁業可持續發展委員會（2010 年）。《漁業可持續發展委員會報告》。香港：漁業可持續
發展委員會。取自 https://bit.ly/3jrcbZ0

14 漁農自然護理署（2019 年 2 月）。《海魚養殖的發展》。香港：立法會 CB(2)748/18-19(07)
號文件。取自 https://bit.ly/3VrZr1D

15 TechNews（2021 年 11 月 25 日）。〈AI 養殖「智慧水產雲」，資策會注入科技能量提升場
域生產量能〉。台灣：TechNews 科技新報。取自 https://bit.ly/3I5ILKf

16 漁農自然護理署（2021 年 6 月 28 日）。〈漁護署設立現代化海產養殖示範場〉。香港：政
府新聞公報。取自 https://bit.ly/3G2XmDO

1.7

上環海味街

——港產鹹魚的民間科學智慧

作者　**Nat**

範疇　生物／食品加工學／食物科學／化學

　　上環德輔道西近永樂街一帶，人稱「海味街」，是本地海味乾貨店集中地。提起海味，相信大家會馬上聯想到「鮑參翅肚」（鮑魚、海參、魚翅、魚肚）等貴價食品，但其實蝦米、鹹魚等平價貨皆屬海味，而鹹魚的地位則更獨特了，因追根溯源，二十世紀初時的德輔道西其實是專門售賣鹹魚的地方。

「做人如果無夢想,同條『鹹魚』有咩分別?」「有了你開心啲,也都稱心滿意,『鹹魚』白菜也好好味。」鹹魚除了出現於餐桌上,亦廣泛見於本土流行娛樂文化中,如上引的金句、歌詞,鹹魚製作技藝更獲列入香港非物質文化遺產名錄 [01],這道平民菜式不僅蘊藏了屬於香港的文化和歷史,更包含着合乎科學的民間智慧!

鹹魚除了是餐桌上的傳統醃製食品,更已融入我們的生活甚至流行文化之中。

本地鹹魚業簡史

—

香港開埠初期,漁戶會將漁獲運到有較多華人聚居的西營盤「海旁西」(今西環梅芳街及桂香街一帶)售賣,該地因而出現大量採用「上居下舖」形式經營鹹魚曬製的商號,遂有「鹹魚欄」(「欄」指批發貨物之地,另名鹹魚街)之稱。本地鹹魚產業於 1970 至 1980 年代隨着中國內地市場開放,達到高峰,但因本地漁獲日益減少,城市發展令舊式唐樓被拆卸重建成高樓大廈,難以進行生曬製鹹魚工作,市場口味轉往追捧較貴價海味,以及九十年代爆出「食鹹魚可致癌」的醫學發現,鹹魚行業大受打擊,再加上缺乏新血入行,逐漸沒落。

但是海「鮮」,當然要新鮮才值得吃吧!醃製過的鹹魚為何會問世?又對大眾有甚麼吸引力?

現代人可將食材放到雪櫃裏保鮮,但在舊時代,依靠電力的保冷技術並未普及,任由魚肉在常溫下存放會加速腐壞,十分浪費。因此漁民捕獲鮮魚後,會以鹽來醃製保存未即時出售的魚。此外,對從事體力工作、經常流失大量汗水的勞動人口而言,鹹魚中的鹽(氯化鈉)有助補充電解質 02,而人體的電解質濃度保持穩定,才能讓肌肉維持正常運作。鹹魚不僅便宜、佐飯一流,兼有助補充體力,自然成為基層民眾日常飲食的不二之選。

鹹魚製作背後的微科學

—

鹹魚看似平凡，但其製作工序卻是一門精細學問。前文提過，鹹魚製作技藝屬於香港非物質文化遺產，具體而言，製作鹹魚技藝需要經過三個步驟：藏魚、起魚（或稱「起水」）、曬魚。「藏魚」，是指將魚鰓、內臟及魚血清理後，在魚身內外抹上一層鹽後將魚藏在箱內一段時間；隨後在「起魚」時，用清水沖去完成鹽醃之魚體上的鹽並除去魚鱗，期間須留意魚肉內的鹽分平衡，在抹乾後再將鹹魚排列在陽光下進行「曬魚」工序。看似只是按部就班，其實各個工序都需要「按師傅經驗決定」，如拿捏醃製、沖水和生曬的時機和時間長短，故製成一條上等靚鹹魚，被視為一門講究工多藝熟的傳統手工藝。

若要深入探討選用鹽來延長食用期的原理，就要先認識「水活性」（Water Activity），即是量度食品中「自由水」的分量。「自由水」是指能被微生物（包括細菌）用作維生及繁殖的水，自由水愈少，微生物就愈難滋生[03]。純水中的水活性為 1.0，而研究指出最適合細菌滋生的水活性為 0.85 以上。鹹魚正正是透過降低水活性來達致防腐功效，但是鹽如何影響魚的水活性？我們可以先從水勢的概念入手。低水勢是指擁有較低水分子比例的環境，高鹽濃度比低鹽濃度的環境有更低的水

鹽醃魚體的各個工序細節，如晾曬風乾時間長短，都需要師傅「按經驗決定」。

分子比例，因此為魚體抹上鹽會令魚體外圍處於低水勢環境，相對而言，魚體內則處於高水勢環境。為令魚體內外的水勢達致平衡，魚體內的水份會被抽出，這種水分子由高水勢走到低水勢的擴散現象亦稱為滲透作用。所以，將魚妥善地用鹽醃製，就能將水活性降至 0.7 以下，從而有效抑制細菌滋生，達致防腐保存的作用。

除了中式鹹魚外，其實世界各地都有不同的「鹹魚」（更準確的說法是醃漬魚），以不同魚類及製造方法營造出各種風味。例如葡萄牙人用少量鹽醃製過的鱈魚，稱為馬介休（Bacalhau）；至於瑞典的鹽醃鯡魚則以強烈異味聞名，更曾經吸引不少香港 YouTuber 拍片進行試食挑戰。由於瑞典人製作鹽醃鯡魚時只會加入少量鹽於魚肉表面，其水活性仍然高於 0.85，故不能徹底抑制細菌繁殖，結果在醃製以至封進罐頭內的這段期間，鯡魚會持續在細菌的作用下腐壞發酵，從而形成既濃烈又「特殊」的味道。

💡 為甚麼吃鹹魚會口渴？

所謂「食得鹹魚抵得渴」，在進食鹹魚這種鹽度高的食品後，很容易感到口渴。原因在於進食相當分量的鹹魚後，即短時間內攝取較多鹽分，會導致體內細胞外圍體液的鈉濃度上升。當細胞外處於低水勢，而細胞內處於高水勢，水分就會在滲透作用下被抽出細胞外。此改變隨即令細胞向大腦的下丘腦（Hypothalamus）中樞發出警告，造成口渴感去提醒身體補充水份，藉以重整人體水勢平衡回復細胞正常運作。

佐飯佳品潛伏健康隱患

—

食鹹魚除了會口渴，還有機會引致其他健康風險。為防細菌滋生，部分中式鹹魚在製作過程中會添加亞硝酸鹽，其在高溫下會與魚肉蛋白質中的胺類，或在進食後與人體腸胃中的胺類結合成亞硝胺。二甲基亞硝胺（N-Nitrosodimethylamine, NDMA）[04]是一種被美國環保署列為 B2 級致癌物的化學物。不過，如果鹹魚製作時沒有加入亞硝酸鹽，應可減少致癌物生成。除了鹹魚外，在進食煙肉、臘肉等醃製食品後亦可能會產生 NDMA。

魚體經鹽醃製後，水活性降至細菌難以滋生的程度，故可長期保存。

鹹魚以鹽來降低水活性，至於其他海味則以日曬、風乾或
烘烤等方式來去除海鮮中的水分，以達防腐保存之效。

另外，鹹魚是鹽分高的重口味食品，不少人視其為佐飯佳品。但若日常飲食中攝取過量鹽分，將大幅增加患高血壓的風險。話雖如此，鹽亦不能完全從餐桌上抽離，鹽當中的鈉對維持細胞外液，以及酸鹼平衡甚為重要，也是肌肉運作及神經傳導的必需物質，適當攝取鈉能防止低血鈉症（Hyponatremia）的肌肉抽搐、神智不清等症狀。

結語：夕陽手工藝反映民間智慧
—

鹹魚獨特的鹹鮮風味非其他食物可替代，其製作工藝亦是舊香港歷史的一部分，看似平凡卻又蘊含着一些值得探究的科學知識，也折射出人類的飲食智慧。

誠然，在營養學及分析化學的迅速發展下，大眾更容易接觸食物健康資訊，了解醃製品的致癌風險後難免會對食用鹹魚卻步；加上現代人家家戶戶都擁有雪櫃，再無醃製鮮魚以便儲存的需要。在高度城市化的香港，這一門帶點厭惡性且利潤不高的傳統手工藝，難敵量產進口貨，故本地鹹魚曬製產業步入夕陽已是難以避免的事實，可是這個故事仍值得我們好好記錄。有空時不妨到海味街走一趟，選購些鹹鮮海味給長輩（或自己），亦一樂也。

進食鹹魚及臘肉等醃製食品後，體內都有可能產生致癌物二甲基亞硝胺，故宜淺嚐即止。

01 香港非物質文化遺產資料庫（2021）。〈鹹魚製作技藝〉。香港：非物質文化遺產辦事處。取自 https://bit.ly/3gaSpPW

02 電解質指鈉、氯化物、鎂、鈣和鉀等礦物質離子。

03 Institute of Medicine (US) Committee on Strategies to Reduce Sodium Intake; Henney JE, Taylor CL, Boon CS, editors. Strategies to Reduce Sodium Intake in the United States. Washington (DC): National Academies Press (US); 2010. Available from https://www.ncbi.nlm.nih.gov/books/NBK50952/

04 WCRF International. (2022, April 28). Preservation and processing of foods and cancer risk. https://bit.ly/3WQIJKC

1.8

鵝頸橋

——由驚蟄打小人探索蟲蟲科學

作者 Sun

範疇 生物學／昆蟲學／民族學／通俗歷史

銅鑼灣駱克道近堅拿道行車天橋，俗稱「鵝頸橋」，每年春季3月份，鵝頸橋橋底便會變得十分熱鬧，無他，因為那裏是眾所周知的「小人婆」[01] 聚集點，「去鵝頸橋睇打小人」更是一些外國旅客訪港的指定節目之一呢。在二十四節氣「驚蟄」當天，民間傳統會進行「打小人」儀式，祈求趕退惡運，全年諸事和順。其實傳統上驚蟄只代表天氣回暖，蛇蟲鼠蟻冬眠完畢，儘管相傳在這天「祭白虎」、「打小人」可驅走瘟神，但這些近乎巫術的儀式當然並非精密科學，效果僅供參考了。

相傳在驚蟄這天「打小人」「祭白虎」可驅走瘟神。

驚蟄「驚啪乜」？點解打小人？

「蟄」字解作冬眠中的動物，而驚蟄意思是春天的雷聲會驚醒所有冬眠中的蛇蟲鼠蟻走獸，為免牠們侵擾住宅、破壞農作物，古人會手持清香、艾草煙熏家中四角，冀以味道驅趕蛇蟲鼠蟻，並在正日「祭白虎」以鎮壓害蟲。至於「打小人」這種流佈於廣東一帶、由來已不可考的祭祀儀式 [02]，漸漸地與「祭白虎」的習俗混合，蛇蟲鼠蟻演變成搬弄是非的小人，繼而出現驚蟄「打小人」祭白虎的習俗，希望把搬弄是非的壞人及霉運給白虎吃掉。事實上，「打小人」這種民間習俗用意是透過擊打代表壞人及霉運的紙公仔，宣洩內心不滿，相信大部分人去「打小人」都是祈求新一年事事如意而已。

每年 3 月 5 日或 6 日為驚蟄正日，在二十四節氣中，驚蟄排在立春和雨水之後，是踏入春季的第三個節氣，代表天氣回暖，雨水增加，春雷乍動，驚醒了原本在冬眠的蛇蟲鼠蟻。驚蟄是全年氣溫回升最快的節氣，雨量漸增，天氣仍不穩定，氣溫波動甚大。

對位於中國南方的香港而言，驚蟄前後的氣候變化並不明顯，平均氣溫約為攝氏 17 度左右，未算回暖。而古時農民參考二十四節氣曆表，擔心驚蟄後有蛇蟲鼠蟻破壞農作物，因而衍生「炒蟲」習俗，以農作物如芋頭或豆角來代替真蟲來炒，並有以香燭、艾草煙熏家中四角的傳統。

蛇蟲鼠蟻的微科學
—

談起蛇蟲鼠蟻，雖說是家中常客，但你對牠們的了解又有多少呢？

▶ 蟑螂

俗稱甲由，近年又多了「小強」一名 03，隱喻其生命力頑強。以人類食物和垃圾為食的蟑螂多見於陰暗骯髒地方，可傳播病菌，被視為家居衛生大敵。根據《實驗生物學雜誌》(*Journal of Experimental Biology*) 一篇論文指出，蟑螂有很強的嗅覺，能夠利用觸角來檢測空氣中的化學物質。我們便可針對這一特性來趕跑蟑螂。

《美國國家科學院院刊》（*PNAS*）發表的研究顯示，蟑螂會不時以口器舔抹潔淨自己的觸鬚，以除去污染物質和自體產生的化學成分，保持嗅覺靈敏。故人們可利用一些蟑螂討厭氣味的物質，譬如帶有刺激化學味道的漂白水劑，潔淨家居環境，就可在一定程度上驅除蟑螂了。

◆ 螞蟻

每當看到螞蟻在家中出現，而且次數愈來愈多，是不是愈來愈想根絕牠們？其實，只要了解其習性，便可對症下藥加以驅除。螞蟻天性喜歡成群結黨，一旦發現有散落的食物碎屑，就會通知同伴來一起搬回巢。而螞蟻移動時為免迷路，腹部末端會留下費洛蒙分泌物痕跡，以便自己和同伴按「味」索驥，並因此形成「蟻路」。我們只要把新鮮檸檬汁滴在「蟻路」，就可斷其「米路」，防止大堆螞蟻出現。

另外，含柑橘成分的清潔用品大多都含有 D 檸烯（D-Limonene），一種能破壞昆蟲呼吸系統的化學物質。這種化學物質的強大滲透性能，可破壞覆蓋在昆蟲體表的蠟質防水保護層，繼而令昆蟲體液流失並阻塞氣孔，最終因窒息、缺水致死。

◆ 蟲蝨

蟲蝨叮咬人類會引致痕癢，令人徹夜難眠。以木蝨這種會吸食人血的寄生蟲為例，牠們在晚上活躍，並可寄生於人類、其他哺乳動物或鳥類的毛髮之間，攝食宿主的血液、毛髮、皮屑等。蟲蝨咬破宿主皮膚吸血之際會注入唾液以防血液凝結，因而使宿主產生痕癢感，部分更可傳播疾病和致敏。

不過，木蝨原來很怕熱，在攝氏逾 50 度的空間就難以生存，故在大熱天時，只要拿暖爐或暖氣機出來加熱全屋，便可驅趕怕熱的木蝨。「全屋加熱滅蝨法」在歐美很常見，因當地居所空間大，滅蝨公司會把巨型機器推入屋內再為全屋加熱，熱力可達攝氏約 66 度，焗數小時就能滅蝨。

借鑑蟻巢設計　建造節能大樓

儘管不少人都厭惡昆蟲，但其實昆蟲有很多值得人類借鑑學習的地方，甚至為建築和科學帶來靈感！

在非洲，津巴布韋首都一座名為 Eastgate Center 的建築物，其內擁有近 35 萬平方英尺的辦公空間和商店。可是，與隔壁規模相近的建築比較，Eastgate Center 使用的能源可大幅節省 90%！

箇中秘密何在？竟然是白蟻！在 1990 年代，Eastgate Center 的建築師 Mick Pearce 從自然界中尋找靈感，發現白蟻建造的土墩巢穴內容結構，或可用於人類建築設計。原來白蟻在巢穴內創造了自己的「空調系統」，蟻穴內遍佈的孔穴有點像人類的肺葉，令土墩的內部和外部形成冷熱空氣循環，維持巢內溫度穩定。

非洲的巨型白蟻丘可高達幾米，內裏居住數以百萬計的蟻群。儘管外面環境酷熱難耐，但蟻丘內的溫度卻始終維持在一定範圍，同時不斷有新鮮空氣循環。在深入地下約一米處的蟻丘內部，白蟻蟻后待在充滿氧氣且溫暖舒適的穴內不斷產卵。而在蟻后居庭附近，數以千計的白蟻須為其他待哺育的白蟻們準備食物 ——

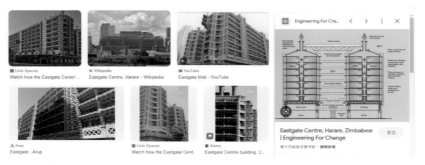

網上有關津巴布韋 Eastgate Center 的資訊，都強調該大樓的空氣對流設計。（網上截圖）

真菌，但真菌對環境非常挑剔，只能在攝氏約 30 度的環境中生長，因此白蟻建造了一套精密的風道系統維持巢內環境溫度。白蟻懂得利用蟻丘外的晝夜溫差，在適當時候開啟或關閉巢穴中的某些氣口，使得巢穴內外的空氣得以對流，冷空氣會從巢穴近底部的氣口流入塔樓，與此同時熱空氣則從巢頂的氣口流出。這種可以穿透整個蟻丘的氣流管道設計，令蟻巢仿如「人工肺」，確保巢內保持一定溫度。

Eastgate Center 便活用了白蟻巢穴的建築設計。首先是採用模仿白蟻巢材料的生態混凝土，這材料擁有優秀的儲熱能力，溫度能保持在約 20 度的水平，當室內空氣進入樓層，便會被生態混凝土「預熱／預冷」，從而調節室內溫度，降低能耗。其次是大樓的外部為佈滿孔洞、凹凸有致的生態混凝土遮板，而內部則有暗藏透氣管道的樑柱，均有助樓層內進行自然的空氣循環，當室外涼爽／溫暖的空氣從大樓底部進入，最後經過重重樓層從頂部散走，便可帶走室內悶熱空氣。

驚蟄其實即是春天差不
多來到的時間，隨着氣
溫和濕度漸高，蛇蟲鼠
蟻自然會活躍起來。

結語：鵝頸橋底的心靈慰藉

—

鵝頸橋橋底的「打小人」習俗，可能是銅鑼灣鬧市中心
地帶裏，唯一一個大家認識的傳統文化觀光景點，「驚
蟄祭白虎」更已列入香港的非物質文化遺產，屬於「社
會實踐、儀式、節慶活動」類的神誕。由於「打小人」可
抒發平日遇上種種不平事所衍生的鬱悶之氣，相信具有
一定的心理治療作用，故美國《時代雜誌》亦於 2009
年把鵝頸橋「打小人」（該刊譯為 Beating the Petty
Person）活動列入 The Best of Asia 2009 之一，認為
有益心靈（Best for the Soul），勁揪！

01　小人婆，泛指專門收費代客完成整個「打小人」儀式的中高齡女性。

02　喬健、梁礎安（1982 年）。〈香港地區的「打小人」儀式〉。載於《中央研究
　　院民族學研究所集刊》54 期，頁 115-128。取自 https://bit.ly/3E6CHyn

03　「小強」作為蟑螂代名詞，據悉源自 1993 年的周星馳電影《唐伯虎點
　　秋香》，主角把被踩死的蟑螂稱作「小強」。

香港霓虹招牌的特色是靠近群眾，可惜圖中的冠南華霓虹招牌已於 2022 年 8 月拆卸。
（©Fahrul Azmi on Unsplash）

1.9

廟街霓虹

——如何由科學現象
變成文化指標？

作者　小編 C

範疇　量子力學／物理／社會文化

　　若和外國人談到香港，通常都會提到城市夜景。的確，香港的夜景放眼全世界都是最著名、最獨特的。說最著名大家都懂，東方之珠嘛，香港亦於 2012 年獲日本「夜景觀光 Convention Bureau」夜景峰會選為「世界三大夜景」之一。但又怎會說是最獨特？對比其他名城夜景如日本的函館和長崎、意大利拿坡里、摩納哥等，香港夜景的獨特之處是既可遠觀，亦可在街頭近距離欣賞，幕後功臣就是霓虹燈招牌（Neon Sign）。

由 1920 年代起，香港在英國的殖民統治下，有機會率先接觸不同的西方科技產物，當中包括霓虹燈。不過要到上世紀 60 年代，香港經濟發展開始起飛時，不同商店、餐廳、當舖（典當店）才開始於大廈外牆裝上代表自己公司的霓虹燈招牌，形成五顏六色的街道裝飾。香港跟其他同樣擁有大量霓虹燈的城市分別在於：

- ➡ 社會條件：香港擁有比其他地方更高密度的樓宇及更狹窄的街道；

- ➡ 執法因素：以往港府對招牌的監管較少，容許形狀、大小和高度不一的招牌存在 [01]；

- ➡ 行業應用：相比其他城市僅娛樂行業使用，本港各行各業都利用霓虹燈輔助宣傳，較多元化。

上述三個理由，令香港霓虹燈發展跟世界各地都不一樣，映照出香港獨特的夜景。

香港一些舊區的霓虹燈招牌非常密集，而且距離地面甚近，構成獨特的城市夜景。（©Carl Nenzen Loven on Unsplash）

霓虹燈照出的物理現象

—

五光十色的霓虹燈究竟係用甚麼方法製造呢？結構看似簡單的燈管，背後原理竟然涉及量子力學！

霓虹燈的燈管裏含有低壓的氖氣（Neon）或其他惰性氣體，亦即大家讀書時學過的貴族氣體，例如氦、氬、氪和氙氣等。採用惰性氣體的主因在於其特性：這類氣體原子最外面的電子殼層（Electron shell），所有位置都會被電子填滿，以氖氣為例（參考附圖「氖的波爾原子模型」），總共 10 粒電子，靠近原子的

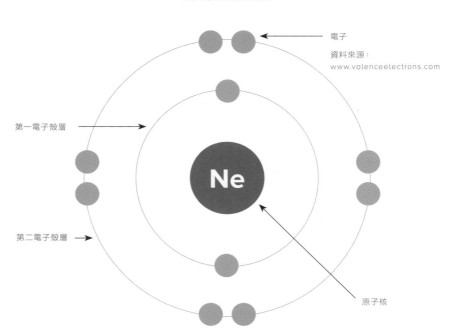

氖（Ne）的波爾原子模型

電子

資料來源：
www.valenceelectrons.com

第一電子殼層

第二電子殼層

原子核

第一層佔用了兩粒，而第二層的電子數目則為 8 粒。這種電子組態全滿的特性令氖氣等惰性氣體很安定，一般而言不會跟其他分子進行化學反應 02，並使電子離開原子時所需的能量大幅增加。

無論是使用直流電（乾電）或交流電（濕電），都一樣可以令燈管發亮。但若使用直流電，光管就只會其中一端有光，所以街上隨處可見的霓虹燈大都是利用交流電作為電力來源（燈管兩端都發光）。準備好交流電電源再連接到霓虹光管，燈管在通電後才成為一個閉合電路，這時約 15,000 伏特電壓提供足夠能量，光管內的自由電子會被能量加速至最高動能，自由電子透過和光管內的氣體粒子撞擊，令氣體離子化（Lonization），即是以高能量迫使氖氣中的電子從電子殼分離出去。失去電子的氖氣離子會成為帶正電荷的離子，被光管內帶負電荷的一端吸引；而離氖原子而去的電子則會在正電荷那端聚集。最終，光管裏有一團正電荷離子和一團負電荷電子，形成所謂電漿體（Plasma）。

成為電漿體只是霓虹燈發光發熱中的第一步，要有五顏六色的燈色，我們首先要理解電子的「興奮」程度（Excited Level）。電子有多「興奮」跟其心情並無關係。這裏的「興奮」程度是形容電子的能量值——電子帶有愈多能量，就代表電子愈「興奮」。

根據 1913 年由丹麥科學家尼爾斯．波爾提出的波爾原子模型（Bohr Atomic Model），電子能量值並非連續，而是分散的（Discrete）。想像一下能量值就好像一級級樓梯，每級樓梯都有一個固定高度，每上一級就只可以向上走某一個高度。電子亦一樣，每級能量只有一個固定數值，當電子吸收到足一級的能量，就會升一級（參考圖片「波爾原子模形的能量梯級」）；相反，當電子下降一級，就會釋放原屬那一級的能量，能量釋放的形式就是發光（光能）。因每一種氣體原子的能量級別不同，故燈光的顏色亦各異。

談了這麼多涉及量子力學的物理理論，究竟和霓虹燈有甚麼關係？

當光管裏的電漿體受電壓影響，會有一部分電子離開氖氣原子。而吸收不到足夠能量停留在氖原子內的電子，亦可進入「興奮」狀態。光管內的原子經過碰撞，能量的傳遞有可能令電子回落至最低的能量值，亦即是基態（Ground State），這時就會發出氖氣獨有的橙紅色光線以釋放能量。

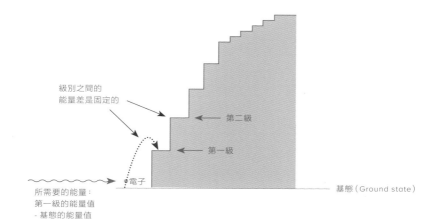

波爾原子模形的能量梯級

級別之間的
能量差是固定的

第二級

第一級

電子

所需要的能量：
第一級的能量值
- 基態的能量值

基態 (Ground state)

如想要其他燈光顏色，只須在光管內加入其他貴族氣體，例如氬氣可發出藍光。師傅甚至可混合不同比例的貴族氣體，令霓虹光管變得色彩繽紛，創造出無限可能。結果不僅照亮了二十世紀的香港市區，成就世界最著名的其中一個夜景，甚至發展出一種影響深遠的流行文化。

霓虹文化的起落

—

說到香港的霓虹燈，就一定要探討香港霓虹燈對國際流行文化所帶來的影響。上文提及香港獨特的社會、執法及行業因素，孕育了霓虹燈氛圍。但為甚麼霓虹夜景會變成流行文化？兩者有何關係？霓虹燈文化又如何從輝煌趨向式微？

數碼龐克中常見的超繁華都市配上霓虹招牌的燈紅酒綠，整個印象跟香港頗為相近。（©brandon siu on Unsplash）

霓虹燈文化於上世紀七八十年代發展最蓬勃，其時日本龐克（Punk）文化亦於動漫畫中起步。當時日本創作者以香港的都市面貌為藍本，構建出別具一格的故事和風格 —— 數碼龐克（Cyberpunk，亦譯作電馭叛客）。作為科幻文化的分支之一，數碼龐克故事背景大多建基於「低端生活與高等科技的結合」—— 社會秩序受政府或財團控制，擁有先進科技但社會結構嚴重崩壞的反烏托邦社會。

事實上，很多科幻文化作品是創作者利用並結合當時社會對科學認知，以及對未來科技會被如何利用的猜想所構思出來，換言之跟科學發展也是息息相關的。1982 年推出的《亞基拉》(AKIRA)及 1989 年的《攻殼機動隊》，均是日本動漫中的數碼龐克經典，內容亦不乏香港霓虹燈文化的影子。

英國著名導演 Ridley Scott 亦受香港市區霓虹璀璨的氛圍啟發，於 1982 年製作電影《銀翼殺手》(Blade Runner)，被視為最具影響力的數碼龐克作品。據導演訪談，故事景觀氛圍源自「香港糟糕的日子／天氣」(Hong Kong on a bad day)[04]，並參考了大量本港都市照片，令香港城景以另類形式躍登大銀幕。

LED 崛起　趕絕霓虹

一

由香港商戶設於大廈外牆的裝飾，演變到日本動漫背景，繼而成為荷里活電影素材，體現香港霓虹文化的發展軌跡。惟隨着招牌政策的執法方針改變，以及 LED 面世取代，香港市面霓虹燈數量有減無增，甚至逐漸變成博物館展品。香港也在 2021 年「夜景觀光 Convention Bureau」峰會失落「世界三大夜景」，降至第五名。

從科學角度看，LED 取代霓虹燈非常合理。自 LED 誕生，霓虹燈的存在就已進入倒數階段，因為霓虹燈的缺點，LED 正好可迎刃而解。

回想一下前文提過的波爾原子模型，當電子由高能量跌向低能量的級別時，便會通過發亮來釋放能量。以氖氣霓虹燈為例，通電時會發出橙黃光，但這並不代表橙黃色的光是氖氣唯一能釋放的光線。其實氖氣釋出的光大都是肉眼看不見的，例如紅外線及紫外光等 [03]。可想而知，霓虹燈花費部分能量釋出沒用的光線，是浪費能源。

LED 透過電致發光（Electroluminescence）的原理發亮，可在低溫下製造出不同顏色的光線，又節省能源，是高效率發光的好例子。加上 LED 的壽命和製造成本都優於霓虹燈，較迎合現代社會的需求，霓虹燈被取代也無可厚非。

結語：文化底蘊無法取代

—

除了造價低和節省能源之外，LED 最大的好處是可以愈造愈細！想想大家家中的電視、電腦螢光幕、平板和手機等，顯示屏幾乎都使用 LED 技術，既可發光，還能顯示動畫訊息，用途廣泛程度遠超霓虹燈。

惟小編覺得，由物理現象發展出來的霓虹燈，其所發出的燈色、所營造的氛圍，都無法被取代。儘管霓虹燈最後可能絕跡於街頭，成為博物館的展品，卻依然無損霓虹文化作為幾代香港人集體回憶的地位。

01　政府自 2003 年推出《安全及維修招牌指引》，以及 2013 年 9 月實施《違例招牌檢核計劃》後開始加強執法，逐步拆卸大型霓虹招牌和落實招牌每五年一檢的計劃。屋宇署自 2006 年起每年拆卸約 3,000 個違例招牌。

02　當然，科學界最喜歡做的事便是挑戰不可能，有化學家研究強迫惰性氣體進行化學反應，詳見：https://bit.ly/3GCjDK9

03　*Strong Lines of Neon (Ne)*. (n.d.). https://bit.ly/3CldHCM

04　Turan, K. (1992, SEPT. 13). BLADE RUNNER 2: THE SCREENWRITER WROTE EIGHT DRAFTS-AND THEN WAS REPLACED. ON HIS FIRST DAY, THE DIRECTOR TURNED THE SET UPSIDE DOWN. HARRISON FORD WAS NEVER SO MISERABLE. YEARS LATER, SOMEONE STUMBLED OVER THE LONG-LOST ORIGINAL. NOTHING ABOUT THIS CULT CLASSIC WAS EVER SIMPLE. *Los Angeles Times*. http://bit.ly/3mFmWZv

1.10

竹篙灣隔離營

——透視疫戰中的病毒醫學

作者　胡迪

範疇　微生物學／傳染病學

　　2019 年 12 月，湖北省武漢市出現首宗 2019 冠狀病毒病（COVID-19，下文簡稱新冠肺炎）感染個案，病原體新型冠狀病毒來歷不明，但傳染力驚人。到 2020 年 3 月 11 日，世界衞生組織正式將新冠肺炎定義為全球大流行疾病（Pandemic），為抗疫時代揭開序幕。對港人而言，2003 年沙士（SARS）疫情是難以磨滅的傷痛，而新冠肺炎爆發使我們再次活在疫症陰霾下。為應對急升的確診數字，港府先後推出多種防疫措施，如社交距離措施、禁堂食令，以及設立社區隔離設施，包括位於大嶼山竹篙灣的檢疫中心（已於 2023 年 3 月關閉）。

隔離措施的起源

—

隔離是一種透過分隔帶有感染風險人士以限制疾病傳播的措施，其歷史可追溯至 14 世紀，當時黑死病在歐洲肆虐，據估計造成數以千萬計的人死亡。現代學者相信黑死病是由鼠疫桿菌引起，帶有該種病菌的跳蚤依附在老鼠身上，當跳蚤叮咬人類時就會播疫。

當時的意大利威尼斯作為海上貿易城市，首當其衝受黑死病威脅，每逢船隻駛入港口，躲在船上的老鼠就會一併登岸。眼見市內疫情嚴重，威尼斯政府決定在鄰近的老拉撒路小島（Lazzaretto Vecchio）和新拉撒路小島（Lazzaretto Nuovo）設立隔離區[01]，前者安置受感染的船員，後者則是船員和乘客的檢疫中心，所有前往威尼斯的人員和貨物都必須要在小島上逗留 40 天才能進入城市。

威尼斯當年採用的防疫策略與現今的隔離措施概念類近，在那個醫學仍未算昌明，社會大眾欠缺公共衛生意識的時代，上述隔離措施在對抗傳染病方面堪稱開創先河。

隔離日數的微科學

—

隔離措施的用意是降低高風險人士在病情潛伏期間傳染他人的機會。潛伏期所指的是患者從被感染直到出現病徵中間所需的時間，處於潛伏期間的患者雖無明顯病徵，但一般都具有傳染力，故隔離日數必須長於潛伏期才能有效避免無症狀患者傳播疾病。以新冠肺炎為例，據 2020 年的調查指出，絕大多數感染者會在 5 至 11.5 天內出現病徵 [02]，反映香港政府在疫情初期所訂立的 14 天隔離措施，理論上足以篩查出大部分染疫者。

隨着新型冠狀病毒持續變種，學者發現新病毒株的潛伏期變得較短 [03]，例如 Alpha 病毒株的潛伏期平均為 5 天，而 Omicron 的潛伏期則降至 3.42 天。潛伏期縮短代表較短的隔離日數已可達至防疫目的，所以港府其後將入境隔離政策放寬到 7 天和「3+4 天」的決定均有醫學根據。

傳染病的不同發展階段

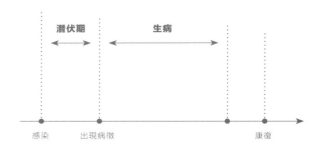

家居隔離 vs 社區隔離？

—

新型冠狀病毒主要經由飛沫、接觸受病毒污染的表面或空氣中傳播[04]。病毒也可能在通風不良或擁擠的室內環境中傳播。基於病毒的傳播途徑，隔離設施應具備足夠空間及良好的通風環境才能有效截斷傳播鏈。

竹篙灣檢疫中心建於大嶼山東北部，佔地超過 100 公頃，差不多有五個維園那麼大，四期營舍共提供多達 3,500 個檢疫單位。檢疫中心營地範圍空曠，樓舍之間騰出了一些空間，有助維持空氣流通。加上選址毗連迪士尼樂園，並不是人口密集的地區，即使病毒向外傳播，所構成的風險也較少。

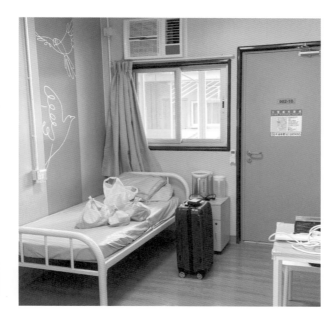

竹篙灣隔離營採用一人住宿設計，可有效降低疾病繼續傳播的風險。

提到病毒，不少人會誤以為它們與細菌性質相似，並將兩者混為一談，「都係病菌之類啦」。事實上，病毒跟細菌是截然不同的，細菌是體積細小但可獨立繁殖的微生物；病毒體積則比細菌微小得多，並須借助其他生物的細胞繁殖。

病毒是一種由蛋白質組成、含有遺傳物質的病原體，擁有自我複製的能力，當成功感染宿主後，便會利用宿主的生理機制進行自我複製。不過，病毒無法在宿主以外獨立生存，且欠缺新陳代謝和適應性等一般生物特徵，故被視為介乎生物與非生物之間的個體。

生態系統中的病毒兩面睇
—

所謂「水能載舟，亦能覆舟」，病毒並非百害而無一利，其實它也是自然界中不可或缺的一員。在海洋生態系統中，病毒便扮演着重要角色。根據學者估算，每一毫升海水的病毒量多達一千萬[05]，惟海裏大部分的病毒都屬於噬菌體（Bacteriophage，一種只會感染細菌的病毒）。當海中細菌遭噬菌體感染及消滅後，細菌內的有機物和營養就會被釋放到海水中，這個過程可促進生態系統中的資源循環，使其他海洋微生物能獲取生長所需的養分如碳和氮。

另一方面，儘管病毒是構成眾多疾病的幕後元兇，但它亦具有獨特的醫療價值。隨着人類廣泛使用抗生素，不少細菌已演化出抗藥性，即「超級細菌」，而噬菌體療法（Phage Therapy）就是利用噬菌體這種細菌天敵去感染並消滅超級細菌。

對比沙士　新冠肺炎為何變成持久戰？

—

由於沙士和新冠肺炎都是由冠狀病毒引發的傳染病，所以不少人都會將兩者作比較。但隨着新冠肺炎疫情走勢持續改變，相信大家已經意識到兩者無法相提並論。

根據香港官方數字，2003 年沙士疫情中共有 299 名患者死亡，死亡率約 17%[06]。至於新冠肺炎，2020 年（即疫情爆發首年）呈報個案 8,889 宗，當中 125 名患者病亡，死亡率約 1.4%[07]。數據反映新冠肺炎致死率遠低於爆發不足一年的沙士，兩者之間的死亡率差異正是主宰疫情發展的決定性因素。沙士的高致死率其實不利病毒繁殖續存，因一旦患者身亡，病毒就無法再感染他人，結果難以造成大規模傳播。相反，致死率較低的新冠肺炎病毒感染後症狀相對輕微（潛伏期間甚至無病徵），故容易傳染開去。

新型冠狀病毒是一種 RNA（核糖核酸）病毒，會利用人體細胞內的生理機制進行自我複製，過程中病毒會先將自身的遺傳物質從 RNA「翻譯」成 DNA（脫氧核糖核酸），此過程名為反轉錄（Reverse Transcription）。惟負責催化此過程的反轉錄酶並非很稱職的翻譯人員，經常會出錯，導致病毒的基因排序有變，情況就如我們使用翻譯軟件翻譯外文總是不標準。

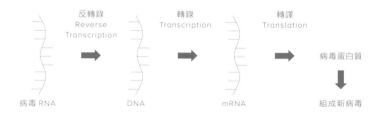

反轉錄　Reverse Transcription　轉錄　Transcription　轉譯　Translation

病毒蛋白質

病毒 RNA　　　DNA　　　mRNA　　　組成新病毒

 延伸閱讀

全世界隔離一年會唔會冇晒傳染病？

當新型冠狀病毒的基因組在反轉錄過程中累積錯誤，病毒表面的刺突蛋白（Spike Protein）就會持續變異，令免疫系統無法辨認變種病毒。這個情況稱為抗原漂變（Antigenic Drift）。回顧新型肺炎疫情期間的流行病毒株，其致命程度持續減弱，傳染力卻不斷增強。根據物競天擇的概念，群體中有生存優勢的個體會淘汰劣勢個體，對病毒而言，傳染力較強的病毒株自然比起致死率高的病毒株更具生存優勢，所以前者就會隨着疫情發展成為主流。即使多數市民都有接種疫苗及遵守防疫措施，新出現的變種病毒株仍能繼續造成感染，令疫情久久不能終結。

結語：抗疫過後的反思

—

直至執筆一刻，困擾我們長達三年的新型肺炎疫情基本平息，社會已逐步回復正常生活。此前大家在談論疫情嚴重性時，往往都先入為主地着眼於確診數字高低，卻忽略變種病毒威力減弱及不少港人已具免疫力的事實。從科學觀點上看，新冠肺炎演變成拉鋸戰是一個能夠預計的結果，反覆強調疫情尚未結束似乎欠實際，相反，如何能夠在保障公共衞生與社會利益之間取得平衡，才是更值得思考的問題。

為抗疫出力的本地傳染病學者

袁國勇教授

2001 年至 2011 年出任港大微生物學系主任，於 2003 年沙士疫情爆發初期率領團隊成功確認沙士的病原體，為抗疫奠定重要基礎。長年致力研究各種新傳染病，由他帶領的團隊一共發現了超過 50 種新病源體[08]，其論文更獲世界各地學者廣泛引用，堪稱香港傳染病學的權威。

————

裴偉士（Malik Peiris）教授

出生於斯里蘭卡，在 1995 年加入香港大學。主要研究人畜共患的病毒，包括沙士、禽流感及人類豬流感等；曾代表世衛前往沙地阿拉伯調查中東呼吸綜合症。

————

許樹昌教授

2003 年起出任威爾斯親王醫院呼吸科主管，曾參與沙士抗疫工作；於 2020 年初獲政府委任為新型肺炎專家顧問團成員。根據史丹福大學公佈的「全球前 2% 頂尖科學家 2021」名單[09]，許教授在呼吸學科中排行全球第二。

01 湯瑪士‧麥登（2020 年 1 月 19 日）。〈《威尼斯共和國》：威尼斯有大量船隻、老鼠和人口，成為黑死病最完美的溫床〉。關鍵評論網。取自 https://www.thenewslens.com/article/129902

02 Lauer, S. A., Grantz, K. H., Bi, Q., Jones, F. K., Zheng, Q., Meredith, H. R., Azman, A. S., Reich, N. G., & Lessler, J. (2020). The incubation period of Coronavirus Disease 2019 (COVID-19) from publicly reported confirmed cases: Estimation and application. *Annals of Internal Medicine, 172* (9), 577–582. https://doi.org/10.7326/m20-0504

03 Gale, J. (2022, August 22). Covid incubation gets shorter with each new variant, study shows. Bloomberg.com. Retrieved October 4, 2022, from http://bit.ly/3Vj13el

04 Centre for Health Protection, Department of Health - Coronavirus Disease 2019 (COVID-19). (n.d.). Retrieved 20 October 2022, from http://bit.ly/3GIWWEq

05 Dávila-Ramos, S., Castelán-Sánchez, H. G., Martínez-Ávila, L., Sánchez-Carbente, M. del, Peralta, R., Hernández-Mendoza, A., Dobson, A. D., Gonzalez, R. A., Pastor, N., & Batista-García, R. A. (2019). A review on viral metagenomics in Extreme Environments. *Frontiers in Microbiology, 10.* https://doi.org/10.3389/fmicb.2019.02403

06 World Health Organization (24 July 2015).Summary of probable SARS cases with onset of illness from 1 November 2002 to 31 July 2003. From http://bit.ly/3i6HasQ

07 食物及衞生局（2021 年）。〈香港健康數字一覽〉。香港：食物及衞生局。取自 https://bit.ly/3UYSZjb

08 香港科學院（2021 年 12 月）。〈袁國勇　我們的院士〉。香港：香港科學院。取自 http://www.ashk.org.hk/tc/ourMembers/details/27

09 陶嘉心（2022 年 1 月 30 日）。〈全球前 2% 頂尖科學家榜出爐　許樹昌呼吸學科全球第二、鍾南山第八〉。香港：香港 01 網站。取自 http://bit.ly/3GIzk2L

CHAPTER 2

2.1

電車

——叮叮 VS.Tesla?!
拆解電車運作原理

作者　Sun

範疇　物理／材料力學／電化學

　　電車路軌橫貫港島西與東，自 1904 年 7 月 30 日正式啟用服務香港市民，營運至今近 120 年，成了香港重要標誌，每年吸引不少遊客乘坐觀光！電車跟馬路上其他車輛不同，它沿着路軌前行，而且沒有燃料引擎、毋須入油，僅靠電力摩打來驅動，本質上類近時下以 Tesla 為代表的電動車，但兩者問世時間相差近百年（Tesla 創立於 2003 年），背後運作原理也大相逕庭。

電車設計歷經七代進化

—

為提供更優質服務，電車至今已歷經了多代的進化。現時主流使用的第七代電車於 2011 年 11 月 28 日面世，改善項目包括增設閉路電視、改良了駕駛室等，但筆者想集中討論其車架結構和照明設備。

第七代電車的車架結構材質由柚木轉換為鋁合金，鋁合金是輕金屬材料之一，以鋁為基礎再添加其他金屬元素，如銅、鋅、錳、矽、鎂等製成。鋁合金密度介乎 2.63 至 2.85g/cm³，相比之下，氣乾狀態下（即木材含水率跟當時的溫度和相對濕度處於平衡）的柚木密度只有 0.65g 至 0.7g/cm³。鋁合金不僅密度遠高於柚木，其抗拉抗屈強度和抗形變剛度亦接近甚至優於一些鋼鐵，即既輕又堅韌。而第七代電車車廂裏的反射照明設備採用發光二極管（LED），耗電量比傳統光管大省 42%，壽命亦增長五倍，減少維修更換次數。

電車的運作原理

—

顧名思義，電車的動力主要來自電流，其摩打以電能驅動，與一般汽車以燃料驅動的引擎不同，故不會排放廢氣，可說是非常環保的交通工具！

第七代電車的車架結構材質為鋁合金，更輕更堅韌。

電車先經由車頂上的集電杆接觸架空電纜取得電力，之後電力沿車身內的電線通往車底連接摩打，再經金屬製的車輪、路軌回到電站，從而形成一個閉合電路（Closed Circuit），當電力令摩打轉動（即電能轉化為動能），電車便可以前行了！但基於此理，萬一電車失事出軌，便會破壞閉合電路，馬上失去行駛動力。

據了解，現時第七代電車使用的摩打有兩種，分別為直流摩打與交流摩打。何謂直流摩打？大家有玩過模型四驅車嗎？它就是使用直流摩打，以電池輸出的直流電驅動。由於直流電的電壓高低、方向均不會隨時間變化，故缺點是無法透過電壓高低即時控制摩打速度。而直流摩打電車設有控制器，以調節電阻值的方式去控制摩打轉速。直流摩打另一缺點是損耗較快，使用數年便需要維修，因此近年電車便逐漸轉用交流摩打。

至於交流摩打是以交流電驅動。有別於直流摩打，交流摩打可以透過控制電壓高低、方向和頻率的變化去即時控制摩打轉速，從而變更電車車速轉速。上文提到，交流摩打相對較耐用，而交流摩打還有多一個優點是支援「電力回饋」，由於電車減少供電進行減速時，儘管供電少，但摩打仍會因慣性而有一段時間維持高於給電值的轉速，這時摩打就多出的動能就可轉化為能量，經路軌即時回饋予電網，供第二輛電車使用，從而節省能源。

電動車 (EV) 的三大類型

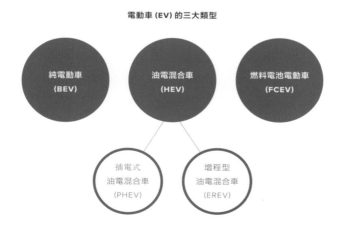

據資料顯示，電車現時使用的摩打，是由電車公司的工程師團隊研發，自 2010 年開始投入使用。

與純電動車 Tesla 屬同類？

—

2015 年社會曾有聲音要求取消中環至金鐘的電車服務，理由是可改善該位置的交通擠塞問題。儘管輿論大表反對，政府亦明言肯定電車的存在價值，但亦揭示出電車的一些弱點，包括車速慢、路線固定、運載效率低、阻塞交通、服務範圍被巴士和港鐵取代等。然而，回看現今電動車在市場如日中天之勢，作為堪稱電動車先驅的傳統電車，難道除了歷史文化和集體回憶外，就沒有存在價值了嗎？

答案當然是否定的。Tesla 這類只依靠電池驅動的車輛，準確名稱應為「純電動車」，有別於同時使用燃油和電動的混能車，以及透過集電杆取得直流供電來驅動的列車（如香港電車、港鐵和輕鐵）。當然，若概括地以純用電力驅動與否來區別，電車跟 Tesla 等電動車可歸入同類；而 Tesla 和電車更同樣使用直流電，前者是透過置於車身底盤的數千枚電芯輸出直流電來推動摩打，後者則是從集電杆取電。而電車與 Tesla 一樣，都是使用電力而非汽油驅動，有助減少碳排放，長遠為環保出一分力！

車廂很熱？以材料科學來冷卻吧

—

現時全球暖化，香港氣溫亦居高不下，如何應對日益提高的電車車廂溫度，正是將 STEM 理論運用於電車的例子。世上全部有溫度的物體（不論是生物或死物）都會輻射出電磁波（即能量），也會吸收電磁波。如果物體輻射出電磁波，它的溫度便會降下來；但若吸收了電磁波，溫度便上升。

假如電車內外裏上散熱塑膠薄膜，就算不使用冷氣亦可使車廂降溫。

因應此思路，科學家研發一種散熱塑膠薄膜 [01]，將玻璃粉與一種名為聚甲基戊烯的透明塑料原料混合製成一塊薄膜，並在其中一面塗銀，具有鏡子般的效果，可反射幾乎所有可見光（即不太吸收能量）。同時，薄膜會以大氣無法吸收的中紅外線（Middle Infrared）形式將能量輻射出外太空。在實際測試中，該薄膜在中午陽光曝曬下的輻射冷卻功率達 93 W/m^2，而據研究團隊報告，鋪上該薄膜的物體能降溫多達攝氏 10 度！

假如電車的外殼（廣告位）和窗戶都可使用這種散熱塑膠薄膜，那麼就算在炎夏乘搭沒冷氣的電車，車廂內的溫度也能保持在較低的水平了。

結語：與時並進傳承電車魅力
—

電車的叮叮聲於香港響了百多年，陪伴多代港人成長至今，相信早已情繫此地。但在香港社會的高速發展下，要保留慢活電車，單靠着港人的懷舊情意結，未必足以抵擋時代洪流沖擊。為了讓電單與時並進，繼續為下一代提供優質服務，科學家和業界正竭力融入創新科技於傳統電車中，讀者們又有沒有新想法，一同努力保育那屬於我們的電車文化呢？

---

01 ScienceDaily. (2017, February 9). New engineered material can cool roofs, structures with zero energy consumption. ScienceDaily. from https://bit.ly/3Z81f2O

2.2

上環蓮香居

—— 探究水滾茶靚之科學！

作者 靛藍色

範疇 食物科學／生物學／營養學／材料科學

飲茶文化發源自廣州，老一輩會稱飲茶為「一盅兩件」（歎一盅茶和兩件點心），而廣東人或港人說的「飲茶」，其實泛指「在茶樓以點心佐茶」的飲食文化。早期傳統港式茶樓設有點心員，用布帶把放滿各式點心的大盤掛在胸前叫賣，之後慢慢演化成手推點心車，再逐漸變成現時流行的「剔點心紙」下單方式。如今若想回味傳統港式茶樓風味，上環蓮香居是少數選擇之一，包括使用手推點心車、舊式雙層木桌和焗茶盅（舊時飲茶是一人一盅茶，而非多人共享一壺茶），既熱鬧又懷舊！說到這裏，筆者便嘗試拆解一下飲茶中的科學吧。

由消失的茶盅說起

—

筆者先談「一盅」，現在大家都很習慣使用茶壺，但對於品茶人，焗茶盅的好處是無法取代的，所謂水滾茶靚，熱水才較能夠揮發出茶葉味道（後文再詳述），因此茶壺與茶盅都使用從自然界取得、含較多二氧化矽的瓷土，再經高溫高壓燒製而成，其保溫能力高。由於茶盅容量比茶壺少得多，換言之用茶盅須較頻密地加水，因而能維持盅內高溫，泡出來的茶較滾燙，茶味也更濃郁。

惟茶盅在設計上沒有握柄，放了茶葉進去、加注熱水再闔上盅蓋稍待一會，待茶味揮發出來之後，要把盅蓋略微傾側，以姆指和中指提着茶盅頂緣，食指則按着盅蓋，再傾側茶盅以便把熱茶倒進茶杯內（按着盅蓋可以起到隔走茶葉的作用）。由於過程中手指要貼着熱燙的茶盅，時間稍長或手法不好都有機會令茶水偏移，燙到手指，而懂用茶盅者也愈來愈少，故大部分茶樓都改用容量較大、有握柄兼可減少添水次數的茶壺奉客。

首先我們要留意沖茶時所使用的水 01。如果使用「硬水」，即是含有較多碳酸鈣的水來沖茶，相比使用碳酸鈣含量低的「軟水」，後者的茶會比較清。

其次是水的溫度。通常我們都直接使用煲滾了的熱水來泡茶，但其實不同的茶葉配搭不同的水溫，對一杯茶的風味亦大有影響。

第三是泡茶時間，泡茶時單寧（Tannin，又名丹寧、鞣質）、氨基酸和茶葉的香氣和風味會慢慢擴散到水中；而泡茶所需時間取決於化合物、茶葉種類和水溫。

圖中上方為焗茶盅；2021 年攝於現已結業的中環蓮香樓。

白黃綠黑茶葉有有何分別？

—

當大家到茶樓飲茶時，侍應做的第一件事就是問我們要喝哪種茶，以便為客人「開茶」。現時茶樓常見的茶種有烏龍、普洱、香片、壽眉等。到茶樓食點心你喜歡配那一種茶呢？筆者最喜歡烏龍茶，大家又知道不同茶葉的分別嗎？

所有的茶都是由山茶科山茶屬的茶樹（*Camellia Sinensis*）採收得來[02]，茶葉依製作方法主要可分為六個茶系：白茶、黃茶、綠茶、烏龍茶（又稱青茶）、紅茶、黑茶（後發酵茶）。由於茶葉製作過程中的氧化程度不一，導致茶葉內化學物質有異，為每種茶帶來獨特的香氣、味道。茶味主要受化合物「多酚」[03]（類黃酮）影響。多酚約佔茶樹葉子乾重的 30%，是最能影響茶葉風味的化合物，而其他影響茶葉風味的化合物還包括咖啡因和氨基酸（茶氨酸）。

概略來看，製作茶葉主要有數個步驟，當中涉及兩大元素：讓茶葉氧化，以及炒茶。採收茶樹的葉子（行內稱為「茶菁」）後，要先將茶菁晾乾（此工序稱為「萎凋」），揮發其內部水分，令茶菁的硬度、重量和體積減少，才進入下一個步驟——「揉捻」，透過物理性手段把茶葉捲起和成型，促進萎凋，釋出改變茶葉味道的酶和油。跟着便啟動茶葉的氧化過程，將葉子暴露在空氣中，期間多酚會氧化變為新的化合物如茶黃素和茶紅素，而這段時間的長短決定了茶葉沖泡出來的茶色、味道和濃度，氧化時間愈長，顏色愈深，味道愈濃。一旦達到所需的氧化程度，茶葉就會被高溫烘炒（即「殺菁」）以停止氧化過程並揮發其水分，確保茶葉保持良好狀態。簡言之，製茶者就是透過控制氧化程度，創造出獨特的茶味（即不同比例的化學成分）。

由於綠茶、白茶和黃茶在採摘後很快就會進入「炒茶」階段被加熱，故它們幾乎不會氧化。這些茶內部的多酚含量與新鮮茶葉非常接近，沖泡的茶液呈淡黃色或黃綠色，味道溫和。而在製作紅茶的過程中，會以手工或機器方式加以揉搓，破壞茶葉結構，讓多酚和酶能混合一起，有助多酚氧化，最終使大部分多酚都轉化為茶黃素和茶紅素，賦予紅茶獨特的紅棕色和更濃郁的風味。

至於筆者鍾愛的烏龍茶則是一種半氧化的茶葉，其氧化程度介乎綠茶和紅茶之間，保留了比紅茶更高的多酚含量。烏龍茶的味道通常比白茶和綠茶來得複雜，但沒有紅茶那麼濃郁。

茶樓常見茶種		
		例子
白茶	發酵度約 10% 至 20%，屬微發酵茶，製作時不殺菁揉捻，直接進入萎凋略微發酵。沖泡的茶色黃中偏白，風味淡雅。其茶氨酸含量頗高，有抗氧化功效。	壽眉
綠茶	未發酵的茶，採茶後馬上殺菁揉捻乾燥，沖泡出的茶色清澈碧綠，味道清新甘鮮。綠茶含有甚高成分的兒茶素，有助抗衰老、降膽固醇。	龍井 碧螺春
烏龍茶 （又稱青茶）	屬於半發酵的茶葉，製作時先讓茶葉萎凋發酵，稍停靜置後，再加以烘乾而成。成品呈綠葉紅邊：綠色為未發酵，紅色為已發酵部分。味道香醇，甘度適中。	鐵觀音 水仙
黑茶 （後發酵茶）	後發酵茶，葉會被放在又濕又熱的地方進行「渥堆」，即是把水灑在茶葉上，令茶葉持續發酵。其茶色呈油黑或黑褐，香味醇厚。一般有降血脂、消滯的功效。	普洱
花茶	不屬六大茶系的新興茶品，算是半發酵茶。一般是以乾燥的花蕾，例如菊花、玫瑰等沖泡，不含茶葉，以欣賞花香為主；也有些是以綠茶、白茶為原料，添加鮮花燻製。	香片

食點心肥過 Pizza？如何吃得健康？

———

說過「一盅」，跟着談談「兩件」（即點心）。不知各位讀者有否見過點心車？其實點心車遭時代淘汰也是無可厚非。以前茶樓為讓客人吃到熱騰騰的點心，會在點心車設置小型石油氣爐加熱在點心車內籠下方盛載的水，讓點心保持溫度。但這就有機會發生意外，例如點心車遭撞倒或熱水燙傷顧客，而車內的燃料也有爆炸危機（據傳1980年代初，有本地酒家發生點心車爆炸傷亡事故）。其次，點心車難以準確計算點心出貨數量，反之剔點心紙就能讓酒家做到按需製作，有利節省成本，點心車遂基於上述各因素被淘汰了。

說回點心，常見的蝦餃、燒賣、腸粉、春卷、雞扎、鳳爪等，哪款是大家的心頭好？相比起烘烤且加入不少芝士肉類的 Pizza，不少人都會認為吃蒸製點心相對較健康，但其實點心的卡路里不低；油炸點心以油脂製作，容易使我們攝取過多熱量，導致肥胖和增加患上心血管疾病的風險。有些點心會配搭大量醬油，容易過量攝取鹽分，多吃隨時患上高血壓。如果想吃得健康一點，眾多點心中有何健康之選呢？首先可以選擇蒸包、蒸點心等，例如蒸腸粉、蝦餃、菜苗餃等，取代油炸及肥膩的點心如鹹水角、春卷、叉燒酥。此外亦要避免進食配有大量醬汁的點心，以減少攝取鹽分。

中式點心想吃得健康，請多選擇蒸點心和原型食物（如圖左方的原隻蝦餃），至於以肉末製成的牛肉球（圖右方），因往往會添加肥肉增進口感，故少吃為妙。

有不少人在大吃一餐之後都會飲茶消化，根據 2019 年在營養學期刊 *Nutrients* 發表的一項研究指出，原來飲茶的確有助維持腸道微生物健康，同時減低高脂飲食所帶來的不良影響，其中以紅茶和烏龍茶最有效 [04]；而紅茶含有茶紅素，有助減少炎症和改善胃腸活動，改善消化不良。此外，2015 年 *Scientific Reports* 上有研究指出，綠茶可以幫助消化以及吸收澱粉質，而另一份 2015 年在 *Drug Metabolism Reviews* 上發表的文章表示，茶裏的類黃酮可調節進食後的消化過程。

圖中左下方看到現時較少見的手推式點心車。

結語：「得閒飲茶」豈只口號？

—

香港蓮香飲食集團在 2022 年 8 月宣佈，旗下位於中環的蓮香樓及荃灣的蓮香棧，因不敵疫情下的冷清經營環境，正式結束營業，已營運了接近 100 年的老店蓮香樓就這樣遭時間洪流和社會所淘汰，目前蓮香茶樓這個品牌就只餘上環的蓮香居繼續營運。

我們往往到老店宣告結業時，才見到大班茶客去「打卡」緬懷一番。情況有如大家偶遇很久不見的朋友，慣性地說句「得閒飲茶」的空話，其實意思就是有緣再見。嘗試別讓「得閒飲茶」這句話變得空白無力，一於帶上你的親朋好友，把握機會到訪香港那些屈指可數的傳統茶樓，品味一下港式飲茶文化吧。

01 Willett, A. (2022, June 28). The science of the perfect cup of tea. BBC Science Focus Magazine. http://bit.ly/3HWSphQ

02 The science of tea. (n.d.). Science Learning Hub. http://bit.ly/3HXmy0E

03 植物體內之所以會產生多酚這種化合物，是為了對抗周圍環境帶給自身的壓力。

04 Walters, M. (2022, July 4). Does tea really help with digestion? livescience.com. https://www.livescience.com/does-tea-really-help-with-digestion

2.3

理大紅磚

——製磚好與壞
在乎工藝與生態？

作者　Crystal 林雪

範疇　工業化學／環境科學

2022 年夏天，香港理工大學（理大）學生會評議會通過了更改註冊組織名稱議案，正式改名為「紅磚社」（Red Brick Society），新名字足以反映「紅磚」之於理大的特殊意義。讓我們回到1972年香港理工學院（理大前身）成立之際，當時 Palmer & Turner 建築師樓的加籍日裔建築師木下一，帶領其團隊在理工學院第一期校園發展計劃中採用獨特的紅磚建築設計，這神來之筆自此令該校成為紅磡地標，2019 年更獲網上文化雜誌 ZOLIMA CITYMAG 評選為 Hong Kong's Modern Heritage 之一，同時也令人聯想到歐美學府的傳統建築風格。

紅磚為何是紅色？

—

磚頭是一種由泥土燒製而成的建築材料，基於不同的原料可呈現灰色或紅色，既可以用作建築上的承重結構，也可以成為建築裝飾。作為其中一種人類歷史上最悠久的建築物料，磚頭最早見於公元前七千年在土耳其南部的一個古城遺跡，古人把一團團泥土放在烈日下，發現濕軟泥土經日曬風乾硬化變得是非常堅硬，遂把握這特點。後期演變到利用對農業而言肥力較低的紅土（又稱磚紅壤），風乾或燒製成更堅固的紅土磚。

因此，磚頭為何是紅色的答案絕對不是塗上紅色顏料，而是跟黏土中的成分，包括二氧化矽、氧化鐵、雲母等等礦物有關。其中，氧化鐵是鐵礦氧化變啡紅色（俗稱「生銹」）的主因。「氧化」是一種化學現象，即磚頭中鐵原子的電子被氧原子搶走，從而產生了赤紅色的鐵鏽。鏽可解作為金屬表面的氧化物或是氫氧化物分解生成水合氧化物。至於為何是啡紅色而非其他顏色這個問題，其實是關乎物理學的。

簡單而言，我們肉眼所看到的顏色，其實是光線落在物體表面後被吸收或反射不同波長的電磁波。而在「生銹」發生的氧化過程中，氧化鐵粒子把對應於紫、藍、綠和黃色波長的電磁波吸收掉，僅留下紅色這個波長的電磁波被反射，結果在日光、白光下就呈現紅色了 [01]。

理大紅磚色澤其實跟製磚黏土中的成分有關。

氧化鐵是一種混凝劑，僅佔整體成分的 **7%**，防止組成磚頭的各種物質在常溫時鬆散，也在燒製後形成了標誌性的磚紅色。一般而言，燒窯的溫度愈高，出來的磚頭顏色通常愈偏深紅。當然也會受到土壤的成分比例影響，若製磚土壤中的氧化鐵佔比很低，就算燒窯再高溫，亦不會呈磚紅色。

⚡ 你知道高比例的石英，會讓磚頭呈現什麼顏色嗎？ [02]

A 白色
B 灰色
C 青色
D 黃色

磚頭是如何製作的？

—

理大的紅磚當然並非天然而成，而是工業處理過的產物，可簡單分為三大步驟：練土、乾燥、入窯。

「練土」是指把粉狀的碎土混水，再以揉搓把黏土中的空氣壓走。由於黏土的含水量關乎乾燥時的收縮現象，繼而影響成品質素，所以需要先進行「乾燥」，才可「入窯」燒製。燒製過程中的火候極為重要，當黏土被加熱到攝氏 500 度，就是「磚化」發生的神奇時刻。黏土達到了其物理性質改變的臨界點，產生化學反應，會使黏土凝固並變得不再溶解於水。

燒窯持續加熱也大有學問，所有混凝狀的物質都必先經過結晶化過程，才會變成固體。若溫度下降得太快，黏土會過分收縮；加熱太快則令磚頭過度膨脹，兩者皆會令磚面破裂。因此，循序漸進地把紅磚由攝氏 500 度加熱至 1,050 度左右，使黏土顆粒完全結晶化，才能燒製出緊密堅固的紅磚。

傳統燒製磚業破壞生態？

—

理大有標誌性紅磚建築，香港大學法律學院也有紅磚蹤影，然而為什麼近年紅磚新建院舍買少見少呢？先撇除設計與個別因素，環境污染絕對是原因之一。

理大校園整體風格，大致上仍是維持一貫紅色主調。

上文提到紅磚需要大量燃料及能源以在燒製時長期維持高溫，而要把黏土製成紅磚，有研究估計完成燒製每一公斤的磚塊需要用上約 2.91MJ（Mega Joule，百萬焦耳）的能量，假如是燒煤，會排放出 0.6 公斤的二氧化碳（CO_2）。因此近年有國家禁止擅自使用紅磚起樓，也出現了免燒工業磚取代紅磚的現象。著名企業家 Elon Musk 也進軍造磚業，他旗下的隧道公司 The Boring Company 低價出售「廢土再生磚」，利用挖掘隧道時所產生的廢土製成磚塊，並運用樂高積木相互咬合的原理處理磚塊連結處，有助節省建築時間，而每塊磚僅售港幣七毫子 [03]。

其實燒製紅磚的過程不但消耗大量能源，還會排放有毒廢氣，導致磚窯附近地區受嚴重空氣污染。一項研究收集了磚窯運行時周邊的空氣樣本 [04]，結果發現含有大量二氧化碳、一氧化碳（CO）和二氧化硫（SO2），而二氧化硫是造成酸雨的元兇之一；同時還發現有二噁英這種世衞定義為劇毒的可致癌物。若大量攝入二噁英可致各種皮膚問題，包括氯痤瘡、皮膚出疹及變色等，損害肝功能；長期攝入更有機會影響免疫系統、生殖功能、內分泌系統及發育中神經系統 [05]。

結語：理大舊紅映新白

紅磡理大校園繼紅磚樓以外的新地標、2013 年竣工的賽馬會創新樓，或許大家不知道它的名字，但只要路經理大就一定會看到它。那幢遠看像白色風帆的無縫流線造型大樓，為一片磚紅的理大校園注入新的活力和創意。乍看的確令人耳目一新，但看久了總有種格格不入之感，有損理大校舍一貫的平衡，這無關好壞，只是有點難言的不協調。或許紅磚雖舊卻依然氣勢磅礴，自創校以來便與理大密不可分，形成了一種不可取締的遺美吧。

2022 年是理大 85 周年，校方舉行了一系列紀念活動，而校慶主題曲歌詞創作比賽獲獎作品之一的《紅磡足印》中，一句「紅磚屋之下察看古今」，意味着紅磚校舍和師生們共同見證香港近一個世紀的繁榮進步與社會變遷。

潘智生教授

香港理工大學的土木及環境工程學系系主任
及土木工程教授
及環保建材講座教授

———————

有「環保磚之父」之稱的潘教授，研發了混合廢玻璃作「環保磚」的技術，利用回收的玻璃樽混合製成耐水、耐火又耐酸的環保磚。由於玻璃砂成分達 70%，所以表層閃閃發光，常被用作鋪設街道地面。因環保磚中不含水泥成分，故毋須經高溫燒製，非常節省能源。

資料來源

Custodio-García, E., Acosta-Alejandro, M., Acosta-Pérez, L. I., Treviño-Palacios, C. G., & Mendoza-Anaya, D. (2007). Microstructural Characterization of Fired Clay Bricks in the Chontalpa Region, Tabasco, Mexico. *Materials and Manufacturing Processes, 22*(3), 298–300. https://doi.org/10.1080/10426910701190154

Kumar , S., & Maithel , S. (n.d.). Introduction to Brick Kilns & Specific Energy Consumption Protocol for Brick Kilns. Greentech Knowledge Solutions Pvt. Ltd. https://bit.ly/3Inz0Y7

Michael Chusid, Steven H Miller, Julie Rapoport. "The building bricks of sustainability", *The Construction Specifier, Vol. 1*. Pp. 30-40, 2009.

01　氧化鐵呈紅色是陽光或白光下的情況，但在其他種類的光線下有機會出現別種顏色，若在沒有光的情況下，紅磚則毫無顏色

02　答案是：D）黃色。

03　Brown, M. (2018, September 13). The Boring Company: Elon Musk Reveals Release Date and Price for Eco Bricks. Inverse. https://bit.ly/3igL9TV

04　Khan, M. W., Ali, Y., De Felice, F., Salman, A., & Petrillo, A. (2019). Impact of brick kilns industry on environment and human health in Pakistan. *The Science of the total environment, 678*, 383–389. https://doi.org/10.1016/j.scitotenv.2019.04.369

05　食物安全中心風險評估組（2009）。〈風險簡訊：食物含二噁英〉。香港：食物安全中心。取自 https://bit.ly/3TuuY2z

2.4

奧運站

—— 獎牌背後除了努力
原來還有物理力！

作者　Sun

範疇　物理／力學／流體動力學

香港 2021 年盛夏除了有燦爛的陽光與海灘，還少不了本港奧運代表隊的耀眼佳績 —— 於日本東京奧運會歷史性贏得一金二銀三銅共六面獎牌，包括張家朗在男子個人花劍摘金，何詩蓓勇奪女子自由泳兩銀，女乒團體、劉慕裳（空手道）及李慧詩（單車）分別贏得銅牌。說到跟奧運有關的地標，相信大家一定會想起港鐵奧運站，站內繪有各樣奧運賽事畫面，但大家有沒有想過運動背後蘊藏的科學原理呢？就讓筆者一探運動和科學兩者之間的微妙關係吧！

喜出望外的奧運站命名故事

—

1998 年 6 月 20 日啟用的奧運站，據知原擬按照所在地區或就近街道取名為大角咀站或櫻桃站 [01]，但李麗珊在 1996 年美國亞特蘭大奧運會破天荒為香港奪下史上第一金，加上蘇樺偉、張偉良等人於隨後的殘奧會合共為港隊豪取五金五銀五銅，地鐵公司（當時兩鐵尚未合併成港鐵）遂與香港業餘體育協會暨奧林匹克委員會（今港協暨奧委會）達成協議，決定將車站命名為奧運站以表揚本地運動員。

物理乒乓球比賽？！

—

運用物理知識，筆者教你如何在乒乓球比賽中脫穎而出。上旋球的是指讓乒乓球進行前滾翻運動，也指球最高點的速度快於其質心速度。相反地，如果乒乓球做了反翻滾運動，最低點的速度快於其質心速度，稱之為下旋球。

基於馬格納斯效應（Magnus Effect），上旋球在飛行途中受到空氣向下的額外壓力，使球下墜更快。根據伯努利定律（Bernoulli's Law），流體速度增加，壓強減少；流體速度減少，壓強增加。由此可大膽推斷，乒乓球在垂直方向上向上掃到空氣向下的壓力，會使乒乓球以更快的速度下墜。

奧運站內當然少不了乒乓球賽的畫面，而乒乓球的旋轉和速度均牽涉不少力學和物理學原理。

在乒乓球運動中進攻時，若想取得較好的進攻效果，就必須使球產生更大的速度和較強的旋轉。但如何使球產生更快的速度呢？主要是增強球拍打球的打擊力。所以運動員拍打球的力度愈強，球速就會變得愈快。

而在防守時，選手要先判斷來球的速度、旋轉和落點等，以爭取反應時間，提高防守能力。在乒乓球運動中，應對高速、強旋轉球是非常困難的，運動員應該是用身體記憶應對，不用懂物理學吧？正如動量定理提及，衝量等於物體動量的改變，可用以下公式說明：**Ft = △ (mv)**，當接高速強旋轉球時，要對球進行減力，必須延長球與拍間的作用時間，而延長作用時間的方法，可以從球拍上着手，選擇軟質的球拍，可延長作用時間，從而減小作用力。

帆船順風行駛的邏輯迷思

—

不知道讀者是否曾有過與筆者一樣的想法 —— 帆船是被風推着跑的，所以順風航行能讓帆船獲得較快的速度。但事實真的如此嗎？其實，帆船完全順風反而不能獲得最佳速度。

實際上，空氣作用於帆的力有兩種形式：一種是推力，即當空氣流動的時候，對物體產生衝擊力。帆船順風行駛時，就是靠空氣的推力推動向前的。另一種則是拉力：當船帆的兩側空氣流速不同的時候，就會產生壓強差，這時風帆就產生了拉力。

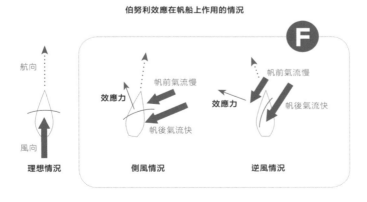

伯努利效應在帆船上作用的情況

理想情況　　側風情況　　逆風情況

奧運站月台牆壁上印有各種運動賽事的圖案，如圖中的單車賽。

追溯到 1738 年，科學家 Daniel Bernoulli 發現，氣流速度與周圍自由氣流成比例增加，從而導致壓力的降低，這可令氣流速度更快，這就是伯努利效應。來自同一來源，即與壓力相同的地方的空氣，遇到阻礙物便會分成兩條路徑，空氣流向壓力較低的地方面臨較小的阻力（前面的壓力作為將空氣推回的力），因而比流向壓力較高的地方的空氣移動得更快。這種情況如果在呈流線形的風帆上發生，帆的兩側空氣流動速度便會不同，令帆的背風那一面形成低壓區域，從而產生拉力。情況一如飛機翼，因底面兩面形狀不同，當氣流經過機翼或帆時，機翼的上面和帆凸出一側的氣流流速較快，另一側氣流流速較慢，流速慢處的壓強比流速快處的壓強為大，正是這個壓強差使機翼產生了向上的升力，作用於帆船則獲得向前的動力。

帆船藉助帆的每一面所產生的力量沿着迎風方向移動。迎風面的正向力量（推力）和背風面的負向力量（拉力）一同形成了「合力」，這兩種力量都作用於同一方向就能讓帆船速度達到最快。帆船的航向也不是完全沒有限制，在正逆風左右各約 45 度夾角內，並無法產生有效的前進力。但太順風也不妙，因這時「伯努利效應」消失，只有風的推力而沒了拉力，船速會再度慢下來，同時也進入不穩定狀態。當船頭與風向成 30 至 40 度的夾角時，既有推力又有拉力，此時風的效率是最高的。

結語：傳承運動科學的力量

—

香港在 2020 東京奧運奪得六面獎牌，既令港人驚喜，也是香港運動員實力和努力的印證。精英運動發展涉及多方面不同因素，是一代接一代教練和運動員持續努力的成果，而運動科學也是其中一個重要因素，以射箭為例，教練可提出方案針對瞄準時之穩定性，從生物力學角度進行射箭專項技術診斷，透過量化分析與即時回饋，用瞄準技術力學指標作為技術調整的依據，利用瞄準分析訓練系統，更有利於控制晃動規律，增加穩定性，延長穩定期。在運動科學發展下，香港這個小小城市，日後或可與世界列強競爭。

「風之后」李麗珊在風帆上逐浪摘金的英姿，也記錄在奧運站的壁畫上。

01   New MTR station may be renamed. (1996, July 2). South China Morning Post. Retrieved January 9, 2023, from https://bit.ly/3jRjjy2

2.5

港交所

——綠色金融帶來新機遇

作者 Kawai

範疇 環境科學／金融／綠色科技

　　過去一世紀，人類大量燃燒煤及天然氣等化石燃料，令大氣中累積的二氧化碳愈來愈多，地球平均溫度亦愈來愈高。有見及此，國際社會須攜手合作，從能源結構、基礎設施以至產業鏈模式上作出巨大轉變，以達至低碳（低排放）經濟為目標。而作為香港這個國際金融中心代表的港交所以及一眾金融機構、企業等，亦致力提倡綠色金融（Green Finance），即「在促進環境可持續發展的大前提下，為具有環境效益的投資項目進行融資」。究竟減碳經濟的概念具體是怎樣的？香港科學家又有沒有在變革過程中發掘出新機遇？

綠色金融關鍵概念

—

首先，大家可先從科學角度了解一下綠色金融的數個關鍵概念。

▶ 碳中和（Carbon Neutrality）：

意思是將人為減碳量跟碳排放量互相抵銷，以達到淨零碳排放量，即「人為溫室氣體排放量，在扣除人為移除量後等於零」[01]，從而限制大氣中的碳濃度和全球氣溫升幅，冀降低氣候變化造成的風險和破壞。主要涉及兩種手段——

1 碳補償：透過植樹等活動吸收釋放出來的碳；

2 源頭減排：從源頭減少碳釋放，譬如淘汰化石能源，從發電、運輸、建築、製造業、日常生活等各個方面，盡量改用 100% 可再生能源。

▶ 巴黎協定：

碳中和政策可追溯至 2015 年聯合國《巴黎協定》草案中的三大目標：

1 將全球平均氣溫的升幅控制在工業革命前水平（即升幅低於攝氏 2 度），繼而爭取至攝氏 1.5 度以內；

2 通過不影響糧食生產的方式，增強氣候抵禦力和溫室氣體低排放發展；

3 使資金流動符合溫室氣體低排放和氣候適應發展的路徑。

▶ 碳權（Carbon Credit）：

即是「排碳的權利」，多以每公噸碳排放量為單位計算 [02]。由企業計算自身碳足印（Carbon Footprint），再據此調整營運模式，

對企業來說，植樹是常見且重要的碳補償方法之一。

例如透過更多利用可再生能源等方法，以減少超過所在地政府規定的碳排放額度；或者利用資助植樹等方式抵消自身業務對生態系統的傷害。而另一種最常採用的方法便是購買「碳權」了。

各國於 1997 年簽訂《京都議定書》制定減碳目標，並附帶彈性減量機制。如果企業無法利用金錢抵消其業務所造成的碳排放，便須付費購買「碳權」以增加其許可排放量（碳總交易額度亦由所在地政府訂定）。換言之，就是透過金錢誘因，降低企業的總體碳排放量。

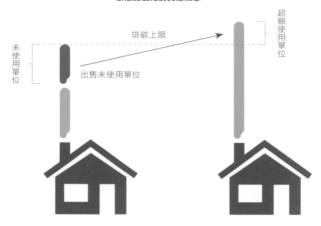
碳權的使用及交易概念

排碳上限

超額使用單位

未使用單位

出售未使用單位

◆ **ESG 與可持續發展：**

E = Environmental、S = Social、G = Governance，分別代表環境保護、社會責任與企業管治。ESG 理念早在 2005 年的聯合國報告中提及，普遍被視為企業經營的評估指標之一，同時是外部投資人檢視企業可持續發展及投資決策評估的重要資訊。

至於可持續發展，其意思可概括為聯合國 Brundtland Commission 於 1987 年發表之《我們共同的未來》報告書所言：「既能滿足我們現今的需求，又不損害子孫後代，能滿足他們的需求的發展模式。」簡言之是努力實現環境保護和保育之餘，兼顧未來世代的持續發展需要。

針對「碳中和」研發新科技

—

綠色氫能近年發展迅速，由於燃燒過程中沒有碳排放，因此被視為新世代能源發展方向，香港富豪李嘉誠旗下的維港投資及長和系長江基建，亦於 2022 年先後宣布參與多家氫能科技企業的融資項目。

氫氣用作燃料可助減少碳排放，源於其生產過程 —— 透過可再生資源從水中電解出氫氣 —— 不會排放污染物，比傳統開採石化能源環保得多。但綠色氫能技能的最大缺點是電解過程所需設備，如膜電極組件的設計複雜且耐用度低，令電解操作技術和維護成本增加，削弱了競爭力。

液流無膜電解系統優勢

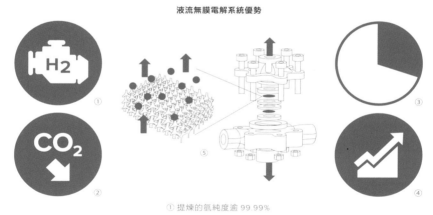

① 提煉的氫純度逾 99.99%
② 每公斤產氫的減碳排量達 12 噸
③ 平均成本每公斤僅 2 美元
④ 熱力學效率（Thermodynamic Efficiency）超過 80%
⑤ 液流無膜電解設計系統

《香港氣候行動藍圖 2050》的減排目標

達峰
@2014

40,000

30,000

碳排放總量（千公噸）

20,000

10,000

50%減碳
@2035前

碳中和
@2050前

2005　　　　2020　　　　2035　　　　2050
年份

◀─── 進程 ───▶◀········ 目標 ········▶

人均（公噸）

6.2
@2014

4.5
@2020

2～3
@2035

碳中和
@2050前

為應對上述問題，香港科技大學有研究團隊正開發新技術「液流無膜電解系統」（AFME），利用「液流設計」分離氫和氧，既降低現行電解系統的複雜程度，也毋須使用特殊隔膜器材，令產氫的平均成本低至每公斤 2 美元（中國內地的電解水製氫成本約為每公斤 5 美元），有望重整綠色氫能的競爭力。而未來或可通過 AFME 產出綠色氫氣作為日常燃料能源，以實現更進一步的減碳目標。

此外，作為本地碳中和指引的《香港氣候行動藍圖 2050》提到如何推動公眾參與低碳行動，具體包括透過電視宣傳短片、電台宣傳聲帶、網站及在指定地點舉辦巡迴展覽等，加深公眾人士認識氣候變化的影響，同時凝聚出邁向低碳社會的共識。

結語：科企巨擘減碳榜樣

儘管減少碳排放往往會增加額外的營運成本，但還是有許多企業成功實現碳中和，希望可兼顧商業活動與自然環境，讓人類能夠與自然共存，例如科技巨頭 Google 母公司 Alphabet 早在 2007 年宣布達到碳中和，並於 2017 年實現 100% 再生能源使用率，2020 年已完全抵消公司成立至今所有的碳足印，並訂下在 2030 年全天候使用零排放能源（24/7 carbon-free energy）目標。

至於另外兩家世界級科企，蘋果公司計劃於 2030 年前達至碳中和；微軟也訂下於 2030 年前完成負碳排（即「碳排放量」低於「碳清除量」）目標。不知道本地企業和全港市民，又準備好了沒？

---

01 中國文化研究院（2023）。〈概念與知識——碳中和〉。香港：中國文化研究院版。取自 https://bit.ly/3vSnpZs

02 綠色和平氣候與能源專案小組（2022 年 6 月 1 日）。〈碳權、碳費、碳稅是什麼？碳交易市場如何運作？是否真的能幫助減碳？〉。香港：綠色和平。取自 https://bit.ly/3VWV5A1

2.6

米埔

——濕地科學中的經濟效益

作者　Kawai

範疇　環境科學／生物學／生態地理學

香港雖是彈丸之地，卻擁有得天獨厚的豐富生態資源，包括超過 1,100 公里長的海岸線和風景怡人的郊野公園，再加上優越的地理環境、氣候，以及妥善的生態資源管理政策，使香港成為多種野生動物棲息和生長的理想地方。其中米埔自然保護區（簡稱米埔）更是被譽為「雀鳥天堂」的國際重要濕地（Wetlands of International Importance），也是「香港的後花園」。

米埔保育區的前世今生

—

濕地不僅是數以千萬計水鳥不可或缺的過冬和繁殖棲息地，亦為人類及其他動植物提供重要的「生態服務」，例如其自然防禦作用可保護社區免受氣候變化所引發的災害影響。而米埔的濕地在提供鳥類棲息地及支持東亞澳候鳥遷徙兩方面，發揮極重要的功用；作為沿岸緩衝區，米埔亦有助應對氣候變化所引致的海平面上升和風暴潮。

米埔濕地為多種鳥類，當中包括黑臉琵鷺、黑咀鷗和小青腳鷸等世界性瀕危品種提供棲息地。

米埔的濕地生境非常多元化，包括潮間帶蝦塘（即基圍 [01]）、紅樹林、潮間帶泥灘及蘆葦叢等，為許多野生動物提供棲息之所，同時是候鳥們從北極圈或俄羅斯遷飛到澳洲途中的棲息地兼補給站，每年北半球冬季（約 1 月至 3 月），大約有 60,000 隻水鳥在米埔和后海灣一帶過冬，當日落潮漲時就會看到萬鳥齊飛的壯麗場面，幸運的話還可以觀賞到屬全球瀕危品種的黑咀鷗和黑臉琵鷺。

1995 年 9 月 4 日，米埔根據《拉姆薩爾公約》被列為「國際重要濕地」。米埔屬於淺水海灣，臨水地帶是廣闊的潮間帶泥灘，灘後遍佈紅樹林，還有基圍、漁塘和蘆葦林，這裏的紅樹林面積是全香港最大，而蘆葦林規模更是冠絕廣東省！

濕地對我們社會的生態價值
—

濕地普遍位於水路交界帶，由各種物質所沉積形成，可為多種植物提供養分，從而孕育出豐富多樣的自然生態，如紅樹林、泥炭地、沼澤、河川及湖泊、洪水泛濫地區、稻田及珊瑚礁等各種氣候條件區域。事實上，從極地到熱帶、從高海拔到乾燥地區，無論哪種氣候環境都可形成不同形式的濕地。接着就從調節水資源、生物棲息地、學術及經濟效益四方面，探討濕地對我們的重要性吧。

米埔被譽為「雀鳥天堂」，每年有數萬隻水鳥來此過冬，亦因而成為觀鳥勝地。

▶ 調節水資源

濕地如同一塊海綿，水量多時能夠吸收及儲存多餘的水分，當大地水量不足時則能釋放水分，因此無論是對沿海、森林，還是河流，都可提供防洪及調節水位的功能。紅樹林如同天然的防波堤，當浪頭打到岸上時，紅樹林的根部可抓緊泥沙並抵銷海浪的衝擊力，讓海岸線不被海浪或湍急川流所侵蝕。而濕地本身的土地特質令水流滲透此地時，流速減緩，濕地就可藉此留住水中的養分，水草、蘆葦、香蒲等植物亦受惠，有充足時間吸收及分解水中部分重金屬和沉積污染物，保持水質潔淨，故濕地別名為「地球之腎」。

▶ 生物棲息地

濕地提供豐富的水資源、養分及多樣性的「基質」（ Substrate ）[02]，成為理想的生物住所，供給豐富的食物資源與棲息地，組成完整而歧異度極高的生態區。米埔自然保護區的泥灘孕育了多種水生無脊椎生物，加上著名的基圍蝦塘，成為多種雀鳥覓食的重要處所，其中就有大家耳熟能詳的黑臉琵鷺。在包括米埔在內的「拉姆薩爾濕地」共同制訂各種保育措施下，原本瀕臨絕種的黑臉琵鷺數量近年亦逐漸回升。

擁有豐富生態資源的濕地，是雀鳥覓食的重要基地。

濕地裏的各式植被可提供防洪及調節水位的功能。

▶ 學術教育

紅樹林生態組成分子除了高等植物外，還有藻類及紅樹林葉片的真菌等，而動物方面包括鳥類、魚類、節肢動物、浮游動物、底棲生物以至軟體動物等。如此高歧異度的生態系統對研究遺傳基因具有重要意義，因此紅樹林沼澤本身也是最佳的自然環境教育場所，讓人類認識及觀察大自然的奧秘。另有研究顯示，探索大自然對人類的心理健康也有所益處呢。

數「讀」米埔生物			
400+	種雀鳥	50+	種蜻蜓及豆娘
100+	種蝴蝶	40+	種蟹類，包括全球首次發現的米埔近相手蟹
300+	個蛾類品種，當中 2 種飛蛾屬科學界新發現	30+	種哺乳類動物
320+	種植物	50+	種魚類
20+	種爬行類動物	8+	種兩棲類動物

◆ 經濟效益

沼澤濕地是蝦魚苗的最佳孕育場所，大多數海水魚需要在海岸或河口等環境來孵化成長，如果缺乏此類環境會令許多魚類無法正常繁衍，特別是沿海的養殖漁業，需要蝦苗和魚苗的供給源維持經營，同時也可為渡冬遷徙水鳥提供食物。如果投入同樣的人力物力，濕地的生產力可比一般農田高出六倍以上。

此外，人們也把濕地用於休閒活動。米埔位處候鳥的「東亞——澳大拉西亞」遷飛路線中心，是超過 300 種候鳥的重要中途站之一，冬季時停留於米埔的候鳥數量，由 1990 年代初平均約 50,000 隻，上升至 2006、07 年破紀錄的逾 80,000 隻，吸引不少市民和海內外遊客前來觀鳥，而米埔每次開放予學校及公眾的參觀活動，可錄得逾 20 萬港元收入。

跟住 Inscie
小編探索
米埔生態

結語：親親米埔　保護大自然

—

米埔自然保護區現時被列為禁區，並不對外開放，欲入內參觀需要事先向世界自然基金會香港分會遞交申請。該基金會亦有舉辦公眾導賞活動，譬如逢星期六、日及公眾假期舉行的「米埔自然遊」，每次活動時間約為三小時，由專業導師帶領觀賞和解說；大家亦可申請特定季節或針對某些生境的參觀活動，如「紅樹林浮橋之旅」、「春夏／秋冬導賞團」等。公眾增進對大自然的認識，亦是支持生態保育的重要一步。

參考資料

姜唯編譯（2021 年 8 月 24 日）。〈拉姆薩公約首份報告示警：全球濕地消失速度是森林的三倍〉。台灣：環境資訊中心。取自 http://bit.ly/3QAaCo2

《東方日報》（2019 年 8 月 21 日）。〈綠色先鋒：米埔濕地受污染威脅候鳥棲息〉。取自 http://bit.ly/3gtLKkl

漁農自然護理署（n.d.）。〈選定米埔內后海灣為拉姆薩爾濕地〉。香港：漁農自然護理署。取自 http://bit.ly/3Ot1wsi

台灣濕地網。〈濕地的功能與價值〉。台灣：環境資訊協會。取自 http://bit.ly/3UYP6Lp

Baraniuk, C. (21st February 2022). The strange reason migrating birds are flocking to cities. BBC Future. http://bit.ly/3gqeVF9

01　基圍，泛指於海灣與河口的淺水區域，被人工基堤圍繞着的海岸區，藉潮汐變化來運作的池塘，一般會養殖蝦、魚、蠔等生物。

02　基質，在生態學上泛指生物體賴以生存或依附的表面，以水底為例，包括泥土、岩石、沙粒、礫石等。

03　世界自然基金會香港分會（2010 年 4 月 20 日）。〈損失逾 100 萬港元米埔濕地營運及教育經費世界自然基金會促請政府盡快檢討過時兼不公平政策〉。世界自然基金會香港分會。取自 http://bit.ly/3IH5ZXp

屯門公路

——「拓海灣」炒車謎團新解

作者	小編C

範疇	物理／經典力學

在屯門公路近汀九橋位置，有一個人稱「拓海灣」的轉彎路段，一直都令駕駛者聞風喪膽，因為那裏不時發生小型交通意外，或跣軚，或碰撞，是屯門公路常常出現塞車情況的主因之一。有網民稱，每逢趕時間，此處必定會有交通意外導致擠塞，無論駕駛人士還是巴士上的乘客，都會異口同聲地暗暗咒罵罪魁禍首：「條友識唔識揸車？」然而，令小編好奇的是，問題是否百分百出在駕駛者的身上？道路設計者又有沒有責任？

車輛過彎向心力淺談

一

熟讀中學物理的讀者，大多會聯想到：「轉彎失事，這不就是向心力不足的問題嗎？」這個答案屬部分正確，不過在討論向心力是否炒車的主因之前，容許小編向不諳物理的讀者解釋一下向心力的問題。

按照圓周運動的理論，當任何物件在圓形軌道上進行運動時（車輛轉彎之際，那個彎其實就是圓形軌道的一部分），都必定有一股力量作用於它身上，向彎位的圓心位置推／拉住該物件，帶領物件完成轉彎的過程。該力便是所謂的向心力，而向心力則會和物件的速度和圓周互相影響。

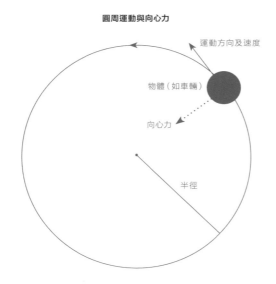

圓周運動與向心力

運動方向及速度

物體（如車輛）

向心力

半徑

值得一提的是，向心力並不是一種實際的「力」，而是一個代名詞，任何一種驅使物件進行圓形軌道運動的力（如拉力、磁力、摩擦力甚至重力），都可稱為向心力。

例子❶ 當太空船圍繞着地球轉動，重力（即地心吸力）便會成為這個情況之下的向心力。

例子❷ 當你玩搖搖的時候，拉着搖搖轉圈，繩中的拉力便成為向心力。

高速公路設計 101
—

回到路面上駕車轉彎的情況，車軚和路面之間的摩擦力會成為車輛的向心力，再加上轉彎的圓周比較短，所以司機在轉彎之前一般都會收油，以防摩擦力不足導致跣軚（過彎時速度愈高，所需的向心力便愈大，由於車軚摩擦力是固定的，所以唯有靠減速來維持足夠的向心力）。至於收多些還是少些油，一般取決於彎位的圓周（圓周愈短，彎位愈「窄」；相反則稱為「闊」）、車輛（尤其是車軚）的質量和司機經驗，不過發生在高速公路時則會是另一個情況。

高速公路的「法定」最高駕駛速度比一般路面高，試想，如果單憑輪軚的摩擦力進行高速過彎，其實相當危險，因每輛車的設計、每條車軚的質量都有分別，甚至同一品牌同一款車軚因使用時間不一，都會令轉彎時的抓地能力出現差別。因此如想保證交通安全，也須從路面設計着手——其實轉彎路段並非平坦，而是外彎高於內彎（見下圖），即如同賽車場般向內傾斜。這種路面設計不是為了滿足駕駛者的競速慾望，而是對車輛轉彎安全有實際幫助！

道路設計上，彎道路面的外彎（圖右方）會略高於內彎（圖左方）。

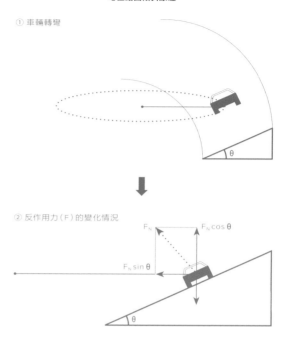

① 車輛轉彎

② 反作用力（F）的變化情況

F_N

$F_N \cos \theta$

$F_N \sin \theta$

θ

當一件物件安放在一個平面之上，物件的重量會施加在平面上，牛頓第三定律表明，平面會向物件拖加一個相反方向（向上）的力，這樣一來，向下與向上的力會互相抵消，令物件保持在平面上。車輛亦不例外，在平坦的路面上會向路面施加重量，路面則會有反作用力施加向車輛。上述反作用力必定是垂直於平面，惟在斜面上情況便不一樣，這時反作用力的方向並非垂直向天，而是跟左右傾斜的。利用此一特性，部分反作用力便會充當向心力，令車輛能夠不純粹倚賴摩擦力，同時可透過增加或減少路面的傾斜度，使車輛能以更高或更慢的速度過彎。

屯門公路近汀九橋的路段接駁位遮蓋片（圓圈示），在天雨路滑、高速行駛和車軑質素較差等情況下，有機會導致跣軑。

意外揭示「拓海彎」另一元兇

一

早在 2020 年時，有線新聞節目《新聞刺針》曾報導過「拓海彎」問題，當時該地段連續三個月內發生十多宗交通意外，全部情節幾乎一樣：輕型車輛（如私家車、輕型客貨車等）過彎之際，突然失控並在路中心打「白鴿轉」，最後撞向其他車輛或路壆。當時節目解釋，「拓海彎」礙於地形和走線限制，前後有兩個彎位，先向右轉再向左轉。因兩個彎位之間路面的斜角並未達到理想的斜角，結果是在內線的車輛行駛圓周較細但速度高，導致向心力不足，遂跣軑失控。

這答案是否就代表 Case closed？2020 年時筆者的確如此覺得，節目解釋得很清楚，亦非常合理⋯⋯但這是真確的嗎？

直到 2021 年尾，筆者在屯門公路上駕車差不多駛到「拓海彎」，無端想起相關的連環意外，十分戲劇性的是，筆者忽然聽到車軚駛過橋樑接駁位發出「咔擦」一聲，車輛便開始打側滑，慌了的筆者決定死馬當活馬醫，踩油加速拉直軚盤，才逐漸重新控制車輛。正當筆者決定去「還神」之際，再傳來「咔擦」一聲，車輛又突然失控，頭搖又尾擺，接近「炒車」境界！手忙腳亂的筆者再努力重新控制車輛，才發現車子已經移位至另一行車線上。幸好事發時是深夜，路上車輛不多，才避免發生嚴重意外。

可是，筆者大感奇怪，究竟為甚麼入彎時還「好地地」，卻會突然失控？為解疑惑，筆者上網搜尋並看了十多條「拓海彎」事故的片段，事發位置大部分都跟筆者出意外的位置相同 —— 在駛過橋樑接駁位後打滑！進行橋樑設計時，橋樑接駁位總要預留一個空間供橋體冷縮熱脹，而這個空隙需要加上覆蓋物。偏偏在「拓海彎」路段接駁位的覆蓋物是鐵片，而金屬表面滑溜，若車軚質素較差或行駛車速稍高，就會很容易跌軚，更莫講天雨路滑時了。

結語：多重因素疊加成黑點
—

筆者因為一次有驚無險的意外，察覺到屯門公路「拓海彎」問題的構成因素。橋樑接駁處的覆蓋鐵片成為車輛跌軚失控的催化劑，而轉彎時的角度不足和車速較高（導致向心力下降）則令情況加劇，上述兩點再加上譬如天雨路滑、輪軚質量差、車輛載重、駕駛技巧不足等因素疊加影響之下，「拓海彎」便慘成交通意外黑點。

2.8

新光戲院

——由戲劇走進腦科學世界

作者　Sun

範疇　生物學／神經科學

位於北角的新光戲院大劇場，是本港少數私營大型粵劇表演場地，於1972年正式開幕，歷年來的粵劇及戲曲表演數之不盡，因而贏得「香港粵劇殿堂」美譽。2009年11月美國《時代雜誌》網站的25項「遊客不容錯過的亞洲體驗」（25 Authentic Asian Experiences）投票選舉中，「到新光戲院欣賞傳統戲曲」名列第七！戲劇的特點是濃縮了人生百態，再通過角色的內心戲或外在行為投射出來，讓觀眾產生共鳴或感動，但當中一些令人難忘的角色肢體表現，某程度上其實是以寫意或寫實方式來表現腦疾病的症狀！

戲劇與腦疾病如何扯上關係？

—

參考台灣學者蔡振家的研究[01]，當地戲曲《斬花雲》、傳統猴王戲曲，分別跟專注力失調及過度活躍症（ADHD）、額葉症候群（Frontal Lobe Syndrome）和妥瑞症（Tourette Syndrome）有所關連。

在《斬花雲》劇中，女主角以悲哀唱腔，配合指天罵地、抓鳥抓蝴蝶等行為舉止，形成一種狀似瘋瘋癲癲的戲劇效果。而這些異於常人的肢體動作，正好反映 ADHD 患者常見症狀 —— 活動量過高和無法抑制衝動。ADHD 另有「多動症」「注意力缺陷／多動障礙」等中文譯名，屬於神經發展障礙的腦部疾病。雖然醫學界暫未得知其主要成因，但研究人員發現，ADHD 患者的大腦運作與一般人有顯著差異，大腦容量（體積）會比正常人低 3%，特別是顳葉（Temporal Lobe）和額葉（Frontal Lobe），即負責控制注意力和抑制衝動的區域，導致集中力及抑制衝動能力表現較弱。年幼的 ADHD 患者相比同齡兒童較難抑制行為反應，具體表現是較衝動及活動量過高，並為學習、生活及社交帶來負面的影響。

至於猴王戲曲中美猴王頻繁地抓手背、聳肩、擺頭、眨眼等小動作，雖然是模仿猴子的動靜，但角色的某些肢體動作有可能取材自妥瑞症（別稱抽動症）。妥瑞症是一種中樞神經系統異常的疾病，其症狀包括聲音型和運動型抽動綜合症，患者會出現不可控、重複及突發性的肌肉抽動，例如不自主地持續發出清喉嚨的聲音，或作出聳肩、搖頭晃腦等動作。近年有許多不同領域的

中國戲劇角色的造手、姿勢，有不少值得研究的地方。

研究指出，該病源於腦部基底核與皮質之間的迴路聯繫發生問題；神經影像學研究則發現，患者腦部的腹外側前額葉、背外側前額葉和眼眶額葉的皮質神經活動異常。姑勿論妥瑞症真正成因為何，但戲劇家們就沒有放過這些小動作，而是收進作品內。

腦部病變的具體表徵

—

提到大腦疾病，自然要講解一下腦部結構，惟因篇幅有限，這裏只略談一下額葉，那是大腦靠近前額的部位。醫學上將大腦分為五部分（其他四部分別為頂葉、枕葉、顳葉、島葉），當中以額葉體積最大，而且有不少精神健康問題都源於該部位的病變或受損。

額葉對人類的自主控制行為起着很重要作用，並掌管部分情感和性格。一旦發生病變，可以令患者變得對事情漠不關心、失去動力、缺乏情感、喪失意志力，甚至無法處理語言或空間上的資料。另一極端是可以令病者情緒失控，變得暴力、衝動和對他人毫不在乎。此外，額葉中的布若卡氏區（Broca's Area）負責主管語言訊息的處理和言語表達能力，若病變會令到病人無法講出流暢句子，甚至說不出話，亦即患上布若卡氏失語症。在戲曲或流行娛樂中，不乏角色因頭部受傷而失語失智的情節，背後或許也是源於額葉受創呢！

至於粵劇角色裝瘋時常常口出穢言，從精神醫學上可理解為額葉症候群（Frontal Lobe Syndrome），因負責抑制不恰當行為的大

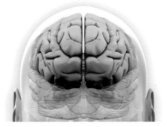
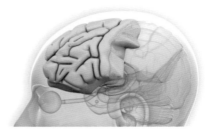

額葉（圖中顏色部分）佔了大腦體積接近一半，主管人類的自主控制行為。

腦區域功能異常，患者就變得口沒遮攔。額葉症候群，顧名思義，是額葉病變衍生的症狀。

結語：假如戲曲遇上科學元素
—

粵劇早於 2009 年獲聯合國列為「人類口述和非物質遺產代表作」，是本地首批非物質文化遺產，假若港人不積極推廣和傳承戲曲文化，實在可惜。然而，在香港經營一間戲曲場所並不容易，因演出一齣粵劇的支出相當龐大，但觀眾數量和市場規模有限。可喜的是，一直不乏年輕人投身戲曲表演，近年也有劇作家撰寫加入當代社會元素的新派粵劇，希望為戲曲文化開拓新路，或許，從腦科學或其他學科中發掘新的素材，也是可行方向之一？

⚡ **偽科學破解：人類只用了 10% 腦功能？**

有一則著名的都市傳說稱「人類只使用了大腦不足 10% 的機能，若能開發餘下的 90% 大腦，就可得到特異功能如念力控制或秒速學習」。但研究發現，大腦運作時是不同區域執行各自的功能，並互相連接協調以應付複雜工作，故大腦在任何時候都有可能是用了 10% 或 100% 的效能 [02]。

01　蔡振家（2008）。〈浪漫化的瘋癲－戲曲中的大腦疾病〉。台灣：《民俗曲藝》161 期，83-133。取自 https://bit.ly/3khu8tx

02　Reichelt, A. (2014, August 1). *Do we really only use 10% of our brain?* The Conversation. http://bit.ly/3HXoNRp

位於科大廣場中央的「時間之輪」，俗稱「火雞」。

2.9

科大漫步

——校園四大景點科學深度遊

作者　胡迪

範疇　物理／天文／生物

坐落於西貢清水灣半島的香港科技大學（科大），校園多面環海，景色優美怡人，雖然自 1991 年創校至今只有短短三十餘載，但這一所年輕學府歷年來孕育了不少知名校友，可謂地靈人傑。既然本書作者是一個出身自科大的團隊，就讓筆者趁機以圖文導賞的方式，為大家介紹一下我們母校的特色，兼細味背後的科學知識吧。

火雞──科學與藝術相融的標誌

—

談到科大最廣為人知的景點，想必就算從未親身到訪過科大的讀者，都應該對那座紅彤彤、外觀狀似火鳥（或火焰）的建築物略有所聞。這個屹立在入口廣場中央，被科大人戲稱為「火雞」的地標，其實是一座名為「時間之輪」的日晷（Sundial）。

日晷發明至今已有數千年歷史 [01]，古人通過觀察日晷上太陽影子的位置，得知當刻的時間。從構造上看，晷影器與盤面為組成日晷的兩大部分，當陽光照射在晷影器時，晷影器的邊緣部分（晷針）會將太陽的倒影投射在刻有時間的盤面上，只要觀察影子所指向的刻度便能夠得知當下時間。

因應地球的自轉運動，太陽的位置在一天中會持續改變，使晷針投射在盤面的倒影隨之移位，例如旭日東升時影子會指向西面，相反日落西山時影子就會指向東面。根據太陽從東邊升起、往西邊落下的規律，晷針的倒影在一天之中會循順時針方向在盤面上移動，作用猶如鐘錶上的時針一樣，所以日晷就能夠在陽光充沛的時候監測時間變化。

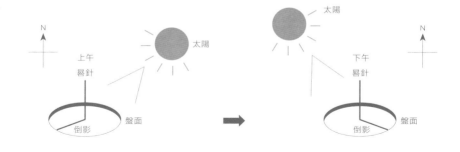

晷針倒影在一天（日照時間）中的移動軌跡

不過，日晷顯示的時間跟實際時間其實存在不少差異，並非完全準確的授時裝置。因應地球的公轉運動，地球在一年四季中會以不同的方向面對太陽。以本港為例，當位處於北半球的香港踏入冬季後，北半球所接收到的陽光比南半球少，太陽的影子會逐漸變長。

而當影子長度在冬至達到最長後，北半球的日照時間就會逐漸增加，使太陽的影子逐漸變短，並將會在夏至來臨時變到最短。太陽位置的變化會導致晷針在四季所產生的倒影各有差異，從而構成季節性誤差。

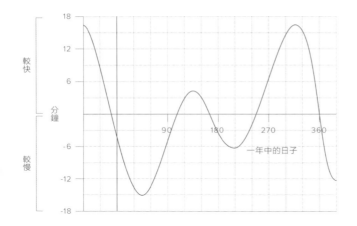

日晷時間與標準時間在一年之間的差距

較快

分鐘

較慢

一年中的日子

其次，經度亦是影響日晷準確性的因素。以本初子午線為分界線，人類以經度 15 度的間距將地球劃分為 24 個時區[02]，每個時區之間的時差約為一小時。雖然身處同一個時區內的所有地方都會沿用同一個標準時間，但太陽的位置相對時區內的各個地點都有一些偏差，以致日晷僅能顯示所在地的太陽時間，而非所屬時區的標準時間。

以科大「火雞」舉例，香港約位處東經 114°，跟所屬時區東八區（UTC+8）的時區中心線（東經 120 度）相差約 6 度。基於兩者的經度差距，「火雞」所顯示的太陽時間會比標準時間慢約 24 分鐘[03]。換言之，當東八區的標準時間為正午 12 點之際，「火雞」標示的時間卻是 11 時 36 分。因此，日晷顯示的時間必須要作出相應調整，才能夠抵消經度差異所衍生的誤差。

英國格林威治天文台標示了一段本初子午線。（作者攝於英國格林威治皇家天文台）

隨着科技進步，現代人只要看看手錶或手機便可知悉準確時間。至於要追求極致準繩度的科學家，則會使用原子鐘。其實，比起用來觀察日照時間，日晷帶給現代社會的更多是藝術價值，例如科大「火雞」的設計理念是「將技術和自然融為一體」[04]，不僅體現出科大作為一所大學的意義，更成為了校園的獨特標誌。

位於賽馬會大堂盡頭的
觀景台，因為牆身開洞
造型與蘑菇相似，因此
被稱為「蘑菇」。

騰雲駕霧的「蘑菇」

—

拜訪過科大廣場的「火雞」後，我們沿中央廣場向着校
舍前行，便會到達位於賽馬會大堂的觀景台。從這個俗
稱「蘑菇」的觀景台上眺望，映入眼簾的是一望無際的
遠山和大海。若遇上大霧的日子，飄渺的白霧更會為景
色添加一種矇矓美。實不相瞞，科大校園被濃霧籠罩的
畫面其實頗常見，頻密得甚至令科大有了「Foggy 大學」
（科技大學諧音）這個讓人哭笑不得的花名。

霧是空氣中水氣經凝結後的產物，性質與雲相近，但較接近地面。每逢春季，香港受到冷、暖氣流交替影響，當溫暖的氣流經過沿岸地區時 05，冰冷的海面會令空氣溫度下降，使空氣中的水氣遇冷凝結成小水點，最後形成平流霧（又稱為海霧）。而科大所在的西貢區面對南海，由南海吹來的春風既和暖又充滿濕氣，在靠近較冷的海面時會凝結成霧，故西貢區的霧氣情況相對嚴重。

蚊池——舍堂文化的一部分
—

由賽馬會大堂乘坐扶手電梯向下，沿着 LG5 的連接橋前行就會進入宿舍範圍。在第四座宿舍旁邊有一個水池，原本是一個荷花池，但目前已沒有荷花，只剩蚊蟲和數條魚，故被稱為「蚊池」。由於深綠色的池水渾濁不堪，科大流傳着一個名為「跳蚊池」的傳統，每逢在宿舍集體遊戲中落敗須接受大懲罰的宿生，會被要求在眾人見證下跳進「蚊池」！

濁不見底的「蚊池」，除造就了一個科大生「傳統儀式」，背後也埋藏着光學知識。

你可能會好奇為甚麼同樣是水，海水是藍色而池水卻是綠色？海水呈藍色源於水分子吸收紅光，使反射的光線呈現藍色。當海水具有一定深度或厚度時，此現象會變得明顯。不過當只有少量水的時候，此現象就不足以改變水的顏色了。「蚊池」水呈現綠色的原因是池中藻類（Algae）[06] 大多是含有葉綠素的「綠藻」[07]，遂令池水一片綠。

延伸閱讀

點解天同海係藍色？

共振橋——內有玄機的建築物

最後要介紹的科大景點是位於研究生宿舍和主校舍建築之間的「共振橋」，它跟著名的青馬大橋與昂船洲大橋同屬吊橋，即透過鋼纜承托橋體重量再轉移至受力柱上。每逢科大 OCamp，「組爸組媽」（即學長學姐，例如本書作者之一小編 C）就會帶領新生「朝聖」，在橋面一同躍起，使橋身劇烈震動並發出「嗡嗡嗡」的恐怖聲響。

情況看似驚險，但絕非橋體老舊、結構缺陷或偷工減料所致，答案見橋名——共振（Resonance）現象。以盪鞦韆來解釋，初時需要較大力量才能令鞦韆搖盪，之後只要捉準時機，在鞦韆盪向前時擺動雙腳，令擺腿和鞦韆盪起頻率接近，即可觸發共振，增大鞦韆的擺動幅度。言歸正傳，不論是在共振橋上步行還是跳起，只要動作頻率跟橋體的自然頻率相近，就會觸發共振使橋身劇震。話雖如此，共振橋的結構能使震動產生的能量被有效地消散，故不會構成危險。

研究生宿舍和主建築物之間的「共振橋」，若很多人同時在橋上躍起，橋身就會猛烈晃動及發出「嗡嗡嗡」的聲響。

筆者在日間拍下的「霧鎖科大」照片，當時能見度十分低。

跟住 Inscie
小編導賞
科大校園

結語：科大遊歷感受科學奧妙
—

除了本文介紹的地標外，科大校園內還有很多優美和特色景點留待大家發掘。若各位想從繁囂的都市生活中稍作休息，不妨花一個週末或一天假期到筆者的母校遊覽。

最後，儘管科學看似抽象複雜，不過就如我們 Inscie 的宗旨所強調，科學並不高深莫測，更與我們的日常生活息息相關。不論是在科大校園內外，還是本港任何一角，只要我們懷着好奇心，多留意周遭事物，就能夠探索蘊藏在萬物背後的微科學。

01　Vodolazhskaya, L. N. (2014). Reconstruction of Ancient Egyptian sundials. *Archaeoastronomy and Ancient Technologies*, *2*(2). https://aaatec.org/documents/article/vl4.pdf

02　Buckle, A. (n.d.). *What is a time zone?* timeanddate.com. Retrieved December 10, 2022, from https://www.timeanddate.com/time/time-zones.html

03　由於每個時區相差 15 度，時差為一小時，所以緯度差距 6 度所產生的時差為 6÷15=0.4 小時（24 分鐘）。

04　香港科技大學。(n.d.). 科大故事　香港科技大學。Retrieved December 10, 2022, from https://hkust.edu.hk/zh-hant/about/brand-story

05　黃偉健、吳淑嬌（2011 年 3 月）。〈再談霧〉。香港天文台網站。取自 https://bit.ly/3YrBcU3

06　藻類，泛指能夠進行光合作用，但無根、莖、葉等植物結構的水中生物

07　綠藻，主要靠吸收陽光中的紅光來進行光合作用，但不太吸收綠光，因而反射出綠色。

08　Felix（2022 年 1 月 23 日）。〈甚麼是渦振現象？塔科馬海峽吊橋崩塌事件！〉。科技雞湯。取自 https://bit.ly/3FUMzMW

竹昇麵

—— 一碌竹壓出食物科學

作者　靛藍色

範疇　生物化學／食物科學／營養學／機械工學

　　談起香港特色食物，除了雞蛋仔、蛋撻、魚蛋等，相信有不少人都會想到雲吞麵，或說「雲吞竹昇麵」，因雲吞雖是靈魂，但麵條和湯底也絕不馬虎，尤其是具代表性的「竹昇打麵技藝」—— 師傅親身用竹昇（竹竿）按壓麵團，再經醒麵和切麵等工序製成「竹昇麵」，此技藝已列入香港非物質文化遺產名錄。現今續用此法製麵的本地食店只餘寥寥兩三家，其中較高曝光率的當數在長沙灣的坤記竹昇麵、深水埗劉森記麵家及灣仔永豪麵家，讓筆者嘗試從科學角度談談這種食品吧。

淺談雲吞麵歷史

一

雲吞，即是北方人指的餛飩。據傳餛飩起源於湖南，宋朝高懌《群居解頤》書中提及：「嶺南地暖……入冬好食餛飩，往往稍喧，食須用扇。」顯示餛飩早在宋朝已見於嶺南地區，但此餛飩不同彼雲吞，香港的雲吞有自身特色。

雲吞麵是在麵食中加入雲吞，相傳是清朝時由湖南人引進廣州。初時雲吞餡料只有豬肉，後來才加入蝦，比例上蝦肉與豬肉各佔一半。大小方面，廣東雲吞約為一口一粒，而港式雲吞則變奏為乒乓球般大。

坤記竹昇麵師傅示範利用竹昇壓麵，須跨坐竹昇並持續輕躍來揉壓麵團不同位置。

一碌竹昇製麵的科學

—

為了令麵條更有口感，師傅會坐在竹昇的一端，不斷躍動，藉體重擠壓在竹昇另一端下方以麵粉、蛋、水等為原材料的麵團，同時還要不斷變動按壓位置，很考體力，但這樣才可製成有韌性的麵條。

為甚麼使用竹昇按壓麵粉可以令麵條質地更彈牙？而在製作不少和麵粉有關的食物都需要揉麵團，大家有想過為甚麼需要這個工序嗎？原來在擠壓和揉麵團的過程中，能夠令麵團產生麩質（Gluten，俗稱麵筋），令麵條咬起來有質感。至於為何不使用機器代替竹昇？據製麵師傅表示，因竹竿本身具彈力，擠壓時較能保留麵條的筋性和彈性，機器壓出來的麵質會不夠爽口。

小麥的結構

胚乳：佔小麥總重量 83%

麥皮：佔小麥總重量 14%

胚芽：佔小麥總重量 3%

由小麥研磨而成的麵粉含有兩種蛋白：麥膠蛋白及麥穀蛋白，而這兩種蛋白主要儲存於植物種子（即小麥）的胚乳 [01]。透過混合麵粉和水，加上竹昇揉壓麵團的過程導致的機械應力（Mechanical Stress），能令麵團內的麥膠蛋白和麥穀蛋白以雙硫鍵（Disulfide Bridge）連結成麩質。麩質是一種網狀結構的蛋白，可為麵團提供更多彈性和韌性。

當師傅完成打麵的過程後，會把麵團靜置一段時間，這個步驟稱作「醒麵」，目的除了讓麵團內的水分分佈更均勻外，也能讓麵筋稍微軟化。

麩質是怎樣鍊成的？

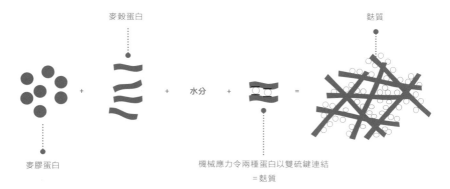

麥穀蛋白

麩質

水分

麥膠蛋白

機械應力令兩種蛋白以雙硫鍵連結
＝麩質

麵粉團經過揉壓後，須靜置一段時間，此過程稱為「醒麵」。

考考你：
坊間有所謂低中高筋麵粉，亦即是不同麩質蛋白（麵筋）佔比，你猜到低、中和高筋麵粉的分別嗎？

▶ 答案：

低筋粉含有約 6% 至 9% 的麩質蛋白，筋性較低，適合製作講求鬆軟或鬆化的蛋糕或餅乾。

中筋粉，含有約 8% 至 10% 的麩質蛋白，適合製作中式的包點、麵條或餃子皮等。

高筋粉的麩質蛋白含量約 11% 至 13%，筋性較高，適合製作麵條麵包，成品會較有彈性或結實。

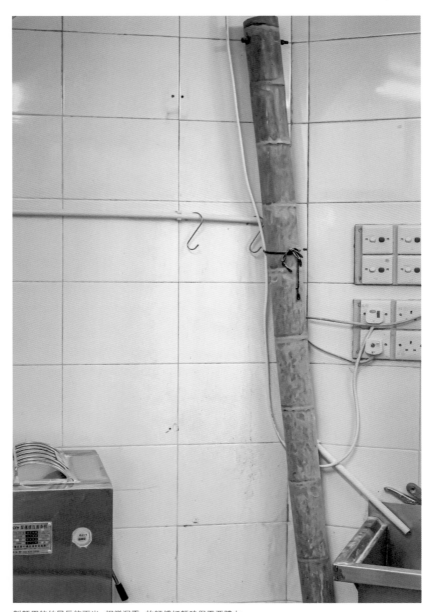

製麵用的竹昇長約兩米，相當沉重，故師傅打麵時很需要體力。

我港理學——香港今昔未來微科學

能夠以機械取代竹昇嗎？

——

如今科技發達，不少工作漸漸被機械所取代。竹昇製麵師傅的技藝又可否以機械人來代替呢？根據 Google Patents 的紀錄，真的有人申請了竹昇壓麵機的專利 [02]，原型由江蘇理工學院的劉瀏和陳瑞燕於 2017 年提出，「針對現有技術存在的缺陷提供一種完全模仿人工壓麵的竹昇麵壓麵機」，透過電力驅動壓麵機，令壓麵台的毛竹可上下擠壓及左右移動，研發者形容，機械跟人工的壓麵過程完全一致，毛竹的按壓幅度與力道、橫移速度皆可自由調節，製麵效率高。

另一邊廂，據竹昇麵師傅表示，其對麵粉、鹼水質素都有講究，搓麵團、竹昇壓麵、醒麵、走鹼等工序都須按當時溫度、濕度、麵團和麵條狀態等，再依經驗作適時微調，故機械暫未必能完全取代靈活的人工竹昇製麵技藝。

麵條屬於精製碳水化合物，加工過程中流失了不少纖維和營養素。

細蓉迎合低醣飲食潮流嗎？

—

雲吞麵有細蓉和大蓉之分，據稱舊時廣州富裕人家（西關大少）不需體力勞動，食量小，點雲吞麵時要求減量，後來便演變成了細蓉；還有一種說法，細蓉明定份量規格為「九錢麵、四粒雲吞、一殼湯」，而大蓉則翻倍 [03]。近年有不少人都提倡在三餐中應減低碳水化合物的攝取，低醣飲食和生酮飲食更成為時下主流減肥餐單。到底碳水化合物對我們有甚麼好處和壞處呢？我們吃雲吞麵時也應選擇細蓉嗎？

身體需要攝取高量營養素，即碳水化合物、蛋白質和脂肪，以維持生長、新陳代謝等機能。其中，碳水化合物會被人體轉化為葡萄糖作為細胞的能量；惟若攝取過量，葡萄糖會轉化成脂肪儲存。麵條屬於碳水化合物，是身體能量來源，但由於麵是精製碳水化合物 [04]，其實不宜多吃；相反，我們應選擇非精製碳水化合物，包括蔬果、豆類、全穀類等，除擁有纖維和豐富營養素，進食後也不會造成血糖急速飆升，影響健康。

換言之，碳水化合物對健康並非只有壞處，只要不吃過量，就可開心享受每一餐，亦不必避吃雲吞麵，而細蓉份量少，對減重人士確是更佳選擇。2015 年發表於醫學期刊《刺針》的一個長期跟蹤研究發現，儘管低碳水化合物餐單在初期能更快地減輕體重，惟長期而言，低脂餐單亦有類似減重效果，低碳水化合物飲食並無特別優勢 [05]。

跟住 Inscie
小編看
竹昇麵技藝

結語：靠科學傳承古老手藝？

竹昇製作雲吞麵的工序繁複，而且相當耗費體力，但雲吞麵作為民間食品售價難以定得太高，某程度上不太符合商業成本效益，加上製麵師傅不容易找到年輕的接班人傳承手藝，因此令這項手藝日漸式微。與此同時，也有愈來愈多店舖選擇使用機器代替人手製麵。趁竹昇麵尚未在香港完全消失，我們要好好珍惜，「見多幾麵」。此外，如文中提及的竹昇製麵機發明，也算是以另類方式為這門技藝留下紀錄吧。

01　胚乳，是種子內保存養分（以供發芽）的物質，通常會以醣類、脂肪或蛋白質的形式存在，例如我們日常吃的白米其實也是胚乳。

02　〈一種竹昇麵壓麵機專利〉，http://bit.ly/3kqypej

03　孟惠良（2019 年 4 月 29 日）。〈追本溯源：百載嶺南精緻文化 雲吞麵〉。香港：米芝蓮指南。取自 https://bit.ly/3WhYQzV

04　精製碳水化合物，即經過生產和加工後，流失了纖維和一些重要營養物質的碳水化合物。反之，非精製碳水化合物則是幾乎或完全沒有經過加工，保有較多纖維及營養素的原型食物。

05　Tobias, D. K., Chen, M., Manson, J. E., Ludwig, D. S., Willett, W., & Hu, F. B. (2015). Effect of low-fat diet interventions versus other diet interventions on long-term weight change in adults: a systematic review and meta-analysis. *The Lancet Diabetes &Amp; Endocrinology*, *3*(12), 968–979. https://doi.org/10.1016/s2213-8587(15)00367-8

2.11

大東山芒草

——未來生物燃料之星？

作者　**Nat**

範疇　環境科學／植物學

　　香港行山勝地之一、位於大嶼山的大東山，以芒草遍野聞名。一大片金黃色芒草隨風搖曳的景象，置身其中的確極盡夢幻，絕對是熱愛「打卡」港人的好去處！就連歌手陳奕迅的《Taste the Atmosphere》唱片封面也選在大東山芒草原取景。除了有觀賞價值，近年科學界更發現芒草可望成為再生能源作物。就讓我們了解一下這種構造簡單但特點多多的植物吧。

本地芒草知多少？

—

不少人看到頂部呈金黃色掃帚狀、看似草叢的植物，就慣性稱之為芒草，但大家又能否分辨出不同品種的芒草？又會否誤認其他植物為芒草？

芒草（*Miscanthus*）是芒屬植物的統稱，屬內共有15至20款品種。而香港常見的芒草分別是白背芒和五節芒兩種，前者就是人們在大東山上「打卡」的品種。要分辨白背芒及五節芒，我們可以從葉子、花期兩方面入手。白背芒及五節芒都長有細長的葉子，白背芒葉約寬一厘米，五節芒葉則稍闊至約三厘米；五節芒的葉子數量亦明顯比白背芒多。此外，白背芒的葉子「芒如其名」，葉子背面為綠色且有白色粉末，五節芒的葉背則是全綠無白色。

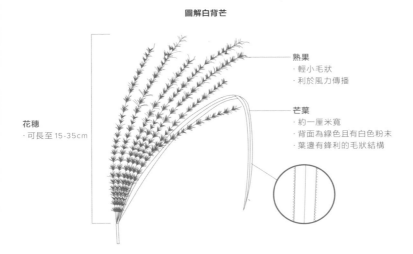

圖解白背芒

熟果
· 輕小毛狀
· 利於風力傳播

芒葉
· 約一厘米寬
· 背面為綠色且有白色粉末
· 葉邊有鋒利的毛狀結構

花穗
· 可長至 15-35cm

葉邊有鋒利的毛狀結構

芒草葉子邊緣有矽形成
的晶體（箭咀示），十分
鋒利。

值得一提的是，芒草的葉子邊緣有微細卻鋒利的毛狀結
構，這是芒草吸收土壤裏的矽後所形成的晶體，而矽是
製造玻璃的原料，因此芒草葉邊亦有着像玻璃的特質，
在觀賞時就要小心以免被葉邊割傷呢！

芒草的黃褐色熟果呈毛狀，十分細小，有利以風力播種。

⚡ 「金黃色掃帚」非芒草專利

由於蘆葦也長着黃色掃帚狀的花，於是常被誤認為芒草。雖然蘆葦及芒草都是大型禾本科（*Gramineae*）植物，但蘆葦並非芒屬植物，而是蘆葦屬（*Phragmites*）。芒草長於乾燥的低海拔山坡上；蘆葦則見於沿海會淹水的泥灘，例如鯉魚門石礦場、粉嶺谷埔都有其蹤跡。就特徵而言，蘆葦的葉子比芒草短，剛長出的花穗為褐色，不會像芒草般有由紅色變黃色的階段。

芒草，抑或是芒花？

—

人們常說芒「草」很美，殊不知芒草最吸引人的金黃色部分，其實是芒草的「花」和「果」才對。芒草頂端的花穗剛長出來時呈紅色，在開花結果後就會出現黃褐色的熟果，分枝上每條細小的毛狀物都是芒草果實。相信在大眾普遍認知中，果實都是有肉多汁或外皮色澤鮮艷，藉此吸引動物吃掉果肉和種子（果核），待動物消化後將種子排出體外時，植物就能傳播到其他地方。芒草的果實顯然難以吸引動物食用，但因其種子長得又小又輕，依靠風力就能飄至遠方了。

不同品種的芒草亦有不同花期[01]，據說五節芒名由來，就是因為它的花期在 6 月至 8 月，正好是農曆五月初五端午節前後時間，故稱「五節」芒。而白背芒的花期就恰好是 10 月尾至 11 月初的秋季。基於開花時間不同，所以按月份也可辨別芒草品種。

芒草真「金」不怕山頭火

—

無情的山火，理應是所有植物的天敵，但山火竟然是讓芒草能夠長期佔據大片山地的原因？香港位處亞熱帶地區，溫度及降雨量都適合植物生長，但頻繁的山火導致草原無法按序發展成為樹林。在正常的生態演替過程中，一塊未有植被的裸地會率先被先鋒植物（Pioneer Plant）[02] 所佔領。

大東山一直保持草原狀態，無法演化成樹林。

先鋒植物指生態演替中最先出現的品種，通常擁有生命力強、成長速度快、種子產量多兼傳播率高等優勢，故能在缺乏土壤和水分的較貧瘠地區生長，而芒草正正是先鋒植物之一。回看香港地理環境，從裸地發展成樹林約需四五十年時間 [03]，但由於經常發生山火，令生態演替往往滯留在早期階段，身為先鋒植物的芒草遂長期雄踞大片山地。

香港消防處的資料顯示，從 2013 年到 2020 年的山火宗數，除 2016 年之外，每年都維持在接近 1,000 宗的水平，整體更呈上升趨勢。芒草較常出現於高地（如大東山），背後原因是山火往往會循着斜坡蔓延到較高位置，在山火燒光植物後，作為先鋒植物的芒草就可任意生長。

香港近年山火數字							
年份	2013	2014	2015	2016	2017	2018	2019	2020
山火宗數	810	933	954	537	991	1,045	860	1,128

資料來源：香港消防處統計資料

生物燃料界明日之星？

—

科學家近年致力研究可再生能源，目標之一是尋找更多的生物燃料選項。生物燃料泛指由生物質組成或萃取所得的可再生燃料[04]，較常見例子包括澱粉類作物（如美國的粟米）、糖質作物（如巴西的甘蔗）等。所謂生物燃料，原理上是看中植物能夠透過光合作用，將太陽能轉化成儲存在植物體內的化學能量，相比需要花費百萬年時間並配合地底高溫高壓環境，才能從有機質轉化而成的化石燃料，生物燃料可以在相對短很多的時間內提取到能量，且毋須鑽探開採，不會因此對環境帶來巨大損害，故各界期望藉着開發生物燃料，降低對化石燃料的依賴程度，從而減少碳排放。

然而，生物燃料目前仍存在不少爭議，例如開發農地種植生物燃料有機會破壞當地的原有生態，尤其是當農地只生產單一品種的生物燃料時，必然會過度消耗土壤中的某些固定養分，結果令土壤迅速變得貧瘠。美國國家科學院發佈的一項研究指出，現時常見的生物燃料，若一併計算改變土地用途後帶來的影響，甚至可衍生出比使用化石燃料更多的碳排放 [05]；從道德角度而言，把原本作為人類或畜口食物的粟米、甘蔗等，轉變用途為生物燃料，長遠會導致糧食產量減和價格飈升，危及貧窮人口的生命。

另一邊廂，科學界發現芒草有望解決上述各種憂慮，成為未來的可再生能源發展新方向。由於芒草生長時對水分及養分的需求不多，生長速度又快，因此能減少對土壤的破壞並降低生產成本。而且芒草在燃燒後不會排放有害氣體，相比使用其他傳統燃料對環境更為友善。加上芒草本身就不是人類的食物，可免去影響糧食供應這一重擔憂。

芒草可作為生物燃料，供發電廠直接燃燒使用。

結語：芒草點只用嚟「打卡」

—

芒草除了用來「打卡呃 like」之外，科學界更看中了這種先鋒植物的特質，令芒草有望成為可持續發展議題下，生物燃料領域內的新寵兒。在陽光下一片金黃燦爛，看起來外觀十分討好的芒草，原來絕不只是花瓶，只要好好發掘，內裏還潛藏着很巨大的價值。下次大家到大東山尋找芒草作為拍照背景之際，不妨更仔細地欣賞它，同時也可跟友人分享這篇文章中有關芒草的各種科學知識呢。

01 楊國禎（2004 年 10 月 13 日）。〈甜根子草、芒草、蘆葦、蘆竹——將秋天妝點成銀白世界〉。台灣：環境資訊協會環境資訊中心網站。取自 https://e-info.org.tw/node/5154

02 先鋒植物的命名原由，跟它在生態系統中的角色有關：先鋒植物是裸地上最先出現的植物，可吸引草食性動物到來，後者的糞便、屍骸，以及先鋒植物的枯葉能夠為土壤提供養分，支撐需要更多營養的灌木生長，甚至在生態演替的後期發展出樹林。但樹木茂密的樹冠會遮蔽陽光，令長於地面的先鋒植物因缺乏陽光而難以繼續生長並逐漸消失。

03 黃嘉希（2019 年 11 月 26 日）。〈香港芒草原靠山火「續命」〉。香港：《明報》。取自 http://bit.ly/3V2m8tN

04 Sánchez, J., Curt, M. D., Robert, N., & Fernández, J. (2019). Biomass Resources. *The Role of Bioenergy in the Bioeconomy*, 25–111. https://doi.org/10.1016/b978-0-12-813056-8.00002-9

05 Lark, T. J., Hendricks, N. P., Smith, A., Pates, N., Spawn-Lee, S. A., Bougie, M., Booth, E. G., Kucharik, C. J., & Gibbs, H. K. (2022). Environmental outcomes of the US Renewable Fuel Standard. *Proceedings of the National Academy of Sciences, 119*(9). https://doi.org/10.1073/pnas.2101084119

2.12

跑馬地馬場

——博彩機率學與賽駒危機

| 作者 | Crystal 林雪 |

| 範疇 | 生物學／機率數學／基因改造 |

每逢星期三傍晚時分,跑馬地一帶的交通都格外繁忙,人流明顯增加,箇中原因當然是馬季期間逢周三「跑夜馬」。「馬照跑,舞照跳」這句話概括了一切如常的治港方針,亦反映了賽馬在港人生活中佔有相當分量,恒常不變的賽馬日就意味着穩定。由 1846 年 12 月跑馬地首次舉辦有正式紀錄的賽馬活動算起,歷經逾 170 年洗禮,賽馬至今已成為香港獨特文化之一。即使筆者參與賭馬的次數寥寥可數,但總覺得一家人在電視機前緊盯着那匹下了注的馬的時光,既歡娛又緊張,是一種另類溫馨的港式家庭生活。

淺談賭馬活動的概率計算

—

賽馬運動歷史悠久，早於公元前 700 年的希臘奧運會已出現近似賽馬的比賽。而被視為現代賽馬發源地的英國，亦把這項活動推廣至其管治地，包括選址跑馬地設立馬場，將這項活動引入香港，並於 1931 年在港把賽馬列為正式博彩活動，開始接受投注。不僅大受民眾歡迎，亦與我們的生活日漸融合。

賽駒的速度取決於其血統、騎師重量、速度、臨場狀態……不班門弄斧了，總言之，跑贏能賺多少取決於賠率，最重要是留意下注時的賠率及前四位賽果排名的機率（其後的名次則無關痛癢）。賠率愈低就是愈多人看好的熱門馬，反之賠率愈高就愈冷門。例如一隻馬匹賠率為兩倍（2.0）就代表買一賠二，當你花 10 元賭這匹馬，若牠跑贏，你就會得到 20 元的派彩。只要把彩金除以本金就可以當作最基本的勝率參考，如 20/10 就是 2（即 200%）了。

新手亦要留意賽事主辦方馬會「抽水」（包括莊家收費和政府抽稅）比例，馬會作為莊家會透過訂定賠率而決定下注者的獲利比例。馬會官網的「彩金佔彩池的百分比」意思就是每場的總投注額中，扣除馬會抽水部分後剩下的中獎投注者總彩金，將按各注額比例平均分派。

勤閱馬經，真的有助贏取彩金嗎？抑或只是數學問題？

只追熱門下注又如何？
—

至於下賭注的方式五花八門，分單一賽事及連環多場賽
事合計，單一賽事的彩池內又分十數種，詳細就有勞大
家自行到香港賽馬會網站參閱了。當中最簡單易明的玩
法就是獨贏，若押注 1 號馬能第一位衝線，勝出後派彩
就是本金乘以賠率。此外，可以買位置，即押注 1 號馬
會跑入前三位任何位置，概率就是 12 分之 3，即四分一
（ $\frac{3}{12} = 25\%$ ）。這源於跑馬地賽事最多只容許 12 匹馬競
賽，沙田馬場則最多 14 匹馬比賽，概率就是 14 分之 3
（ 21.43% ）。高階一點還有組合名次，例如賭 1 號馬和
2 號馬會分別奪得第一及第二名，也有賭三匹和四匹的
分別排位。

那麼，假如一味只買熱門，就算派彩少，贏的機會總是較大吧？非也，即使是當紅的熱門馬亦不乏滑鐵盧，1995 年「金沙寶」事件中，頂級名駒金沙寶大熱，從過往戰績看可謂必勝。當時獨贏賠率僅 1.3 倍（買 10 元，派彩只有 13 元），可見不少馬迷落重本押注，豈料牠入直路轉彎時意外斷腳，戰死沙場！

既然賽馬沒有百分百，而決定最終排位的最大因素是賽駒臨場表現等其他因素，那以下就來說說賽馬中的「馬」吧。

賽馬活動的殘酷現實
—

跑馬地馬場百載歲月中，難免出過一些意外，最慘痛的莫過於 1918 年馬場大火，竹棚看台意外起火導致逾 600 人喪命，這也是香港史上死傷人數最多的火災。至於賽事中的意外更是時有發生，例如騎師墮馬。沙田馬場於 2021 年一共有四匹馬墮地引致三名騎師受傷，而出事的其中兩匹馬「君達星」及「肥仔叻叻」，於意外後被即場人道毀滅。據本地媒體報道，賽駒肢體斷裂並不罕見，過去四五年最少有 26 宗馬匹遭人道毀滅的個案，其中五宗由墮馬導致。人類骨折嘛，打石膏就好，為何馬匹斷腳卻不能續命？

從動物科學角度看，肢體傷害其實會直接影響馬匹的生存。由於馬匹的四肢除了提供活動能力之外，亦負責承擔體重。賽駒的體重約 1,000 磅（455 公斤），牠們以一雙前肢支撐身體六成的重量，競跑時更會以其中一條腿承受全身重量 [01]。當其中一條腿受傷折斷，另外三條腿便須額外分擔其體重。外國曾有為賽駒治療骨折的案例，由於馬匹身體沉重且常長時間站着，令另外三隻

腳負荷很大，最終反而引致更多併發症，較典型的是馬蹄組織受損，形成蹄葉炎，嚴重損害馬匹身體機能 [02]，若讓牠長期倒臥不站，則會令馬體出現壓瘡等問題。

在 2022 年東京奧運馬術比賽中，瑞士的代表馬匹在賽前受傷，右前腿靠近馬蹄部分韌帶斷裂，馬主與選手最後亦決定人道毀滅。理由是馬匹天性外向好動，亦對環境保持警戒隨時逃跑 [03]。即使開刀治療，康復過程亦充滿挑戰，要求馬匹在手術後靜心療傷絕非易事，若像病人一樣乖乖躺兩個月，只會造成馬匹身心雙重痛苦，故人道毀滅或許是比堅持進行治療更理性的選擇。

從動物權益出發的話，或許賽馬運動本質上就是逼害馬匹的元兇。曾有人呼籲發起抵制，但就如畜牧業一樣，當中涉及不同持份者的利益，篇幅所限不在此深入討論。

馬匹與人類的軀體結構對照

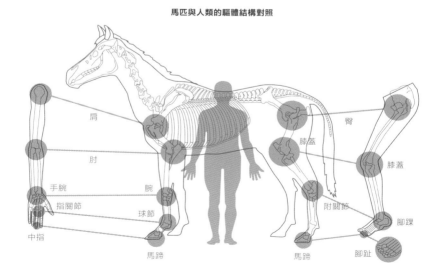

放生賽駒未必是好事

—

若依生物學的層面看，原來放生賽駒也存在不少問題。須知道每匹賽駒的誕生就有如培育純種寵物般，都經過精密的操控配製而成。馬主會透過基因檢測去物色基因優良馬匹（有實績的賽駒）配種，希望將競賽表現優秀馬匹基因遺傳予下一代，事實上，不少名駒往往都是純種馬（即與近親交配誕生，血統純正），身價更是不菲。

有利可圖自然有人鑽研，在阿根廷便有一間生物科技公司專門以複製技術（Cloning）售賣頂級賽駒，同時不斷改造研發最優秀的賽馬基因，冀提升競賽表現。但這類在馬場上為追逐名次而生的賽駒[04]，缺乏其他生存機制如種群相處或適應自然的能力，貿然放生亦難以回歸大自然生活，最終只能默默接受命運。

結語：賽馬文化中的小齒輪

—

回首跑馬地馬場百年風華，由只有歐洲人參與的高尚活動，變成大眾化的博彩遊戲，繼而衍生出本地大型慈善機構；富人養馬，平民賭馬，同尋娛樂，各安其分，在整個賽馬活動的生態系統中，無論是賽駒抑或馬迷，其實都只是小齒輪而已……哪又如何？看開一點，只要一日馬照跑，生活還不是照樣過？

賽駒奔馳時，往往只以一隻腳來承擔逾 400 公斤的體重和衝力。

01   The Hong Kong Jockey Club. (n.d.). Know About Horses. http://bit.ly/3gsfgqN

02   Ward, A. (2020, October 9). Horse Laminitis - Causes, Clinical Signs, Management and Prevention. Hygain Australia. http://bit.ly/3XmOT5G

03   McGrogan, C., Hutchison, M. D., & King, J. E. (2008). Dimensions of horse personality based on owner and trainer supplied personality traits. *Applied Animal Behaviour Science, 113*(1–3), 206–214. https://doi.org/10.1016/j.applanim.2007.10.006

04   Kheiron Biotech 生物科技公司，官方網站：https://www.kheiron-biotech.com

蘭桂坊

——體現酒的科學！
為何一飲即臉紅？

作者 靛藍色

範疇 生物化學／釀造學／食物科學

　　蘭桂坊位於中環雲咸街與德己立街之間，以多姿多彩的夜生活而聞名。相傳在 19 世紀時，洋人（華人謔稱為「鬼佬」）聚集於該地，故名為「爛鬼坊」，後因不雅而改名「蘭桂坊」，此說未必屬實。於今可考的是在 1970 年代，蘭桂坊首間的士高「Disco Disco」開張，成為聞名中外的娛樂場所，帶動了該地的發展。至 1980 年代，在「蘭桂坊之父」盛智文大力支持下，蘭桂坊增添大量餐廳、酒吧和會所，搖身一變為年輕人和中外人士的消遣熱點，更被譽為全世界最熱門的派對聖地之一，令大家說起蘭桂坊，便會聯想到喝酒。

酒精與人類結緣千萬年

———

人們消遣時會飲酒助興,而有些人失落時則選擇借酒消愁,我們的生活好像或多或少總離不開酒精,到底酒是從甚麼時候開始進入人類生活中的呢?

科學家推測,一千萬年前的靈長類動物以腐爛水果充飢,從而接觸到自然發酵的酒精,人類的遠祖(靈長類動物)或許就是在這個時候開始接觸酒精。研究人員的理據是,大約在一千萬年前,人類祖先身體中負責分解酒精的 ALDH4(乙醛脫氫酶,又稱解酒酵素)發生基因突變,使身體能夠分解更多酒精,也可以食發酵腐爛了的水果維生[01]。

飲酒後,進入體內的酒精會被代謝為乙醛這種有毒物質,引發血管擴張和頭暈嘔心等反應。

為甚麼我們會飲醉？

—

由於酒精（主要成分為乙醇）對人體有害，所以當我們吸收酒精後，身體都有相應的機制分解酒精。我們的身體內存在不同的酶（Enzyme）。酶是一種催化劑蛋白，它可以幫忙調節不同化學反應的進行速度，我們體內發生的化學反應大部分都是受酶調節。

當酒精進入身體之後，會被乙醛脫氫酶（Aldehyde Dehydrogenase）代謝為乙醛（Acetaldehyde），之後乙醛再通過 ALDH2 酶代謝為乙酸鹽（Acetate），接續再轉成乙醯輔酶 A（Acetyl-CoA）；乙醯輔酶 A 之後可以進入三羧酸循環（Citric Acid Cycle）從而製造能量。簡言之，酒精就是不斷被人體內的酶分解，最終轉化成能量（如糖分等），以及二氧化碳跟水分，排出體外。

以上就是身體分解酒精的機制。然而，當酒精被代謝為乙醛後，假如身體緊接着把乙醛代謝為乙酸鹽的效率不足，那麼乙醛這種有毒物質就自然會在體內累積，引發血管擴張（臉紅或全身皮膚潮紅）、頭暈、嘔心等宿醉反應。

飲酒臉紅竟是亞洲人專利？

—

為免宿醉反應的發生，我們的身體會自動把乙醛分解成對身體無害的物質（即前文提到的乙酸鹽和乙醯輔酶A等）。至於酒量大小，則很大程度上由我們的基因決定，若基因天生令你身體內擁有較多的 ALDH2 酶（即分解乙醛的能力較強），那麼酒量就會較大。

大家身邊有朋友一飲酒之後，非常快就會臉紅，甚至手腳皮膚都出現潮紅嗎？這個現象被稱為「酒精臉紅症」

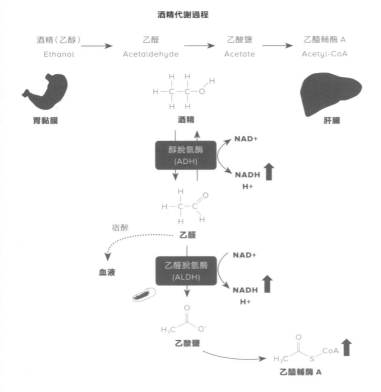

酒精代謝過程

（Alcohol Flush Syndrome）。不知大家又有沒有發現，通常都是亞洲人（主要是東亞人，即中、日、韓人）在飲酒後才會較容易臉紅呢？這是因為有部分亞洲人的 ALDH2 出現變種基因，分解酒精的能力較差 [02]。

亞洲人的 ALDH2 主要有兩個變種：第一個變種是 ALDH2（Glu487），它可以正常和有效地把乙醛轉化為乙酸鹽，換言之，擁有這個 ALDH2（Glu487）變種的人，其體內的乙醛不容易積累，就不會因飲用少量的酒精而出現臉紅反應（參考下圖）。

$$\text{酒精} \quad \xrightarrow{\text{ADH}} \quad \text{乙醛} \quad \xrightarrow{\text{ALDH2 (Glu487)}} \quad \textbf{乙酸鹽}$$

至於第二個變種則是 ALDH2（Lys487）。在編排 ALFG2 的基因中，賴氨酸替代了谷氨酸，由於賴氨酸編碼的蛋白質不同，ALDH2（Lys487）未能把乙醛轉化為乙酸鹽。導致乙醛在人體累積並使血管擴張，令面部和身體出現潮紅（參考下圖）。

$$\text{酒精} \quad \xrightarrow{\text{ADH}} \quad \textbf{乙醛} \quad \xdashrightarrow{\text{ALDH2 (Lys487)}} \quad \text{乙酸鹽}$$

ALDH2（Lys487）變種在亞洲人當中非常普遍，據研究指出，大約有 36% 的東亞人體內都有這個變種。結果，由於飲酒後臉紅這個現象在亞洲人身上最普遍，較少見於歐洲、非裔與拉丁美洲裔人，才會得到亞洲臉紅症之名。

酒精臉紅症代表甚麼呢？根據日本與台灣的研究指出，有 ALDH2 或 ALDH2（Glu487）缺乏症的人飲酒，會有更高機會患上食管癌，因此最好能夠控制自己，不要過度攝取酒精。

飲酒真的可以暖身嗎？

即使是冬天較寒冷的時間，在蘭桂坊買醉狂歡的人們步出酒吧後好像都不用穿着外套保暖，難道飲酒真的可以暖身？

當然不可以啦！但為甚麼又會不覺得冷？酒精及其代謝後產生的乙醛都是一種血管擴張劑，可令皮下血管擴張，試想像車輛的散熱系統，當有更多散熱劑流動時，散熱速度就愈快，身體亦如是。當皮下血管擴張，身體會有更多的血液流經皮膚，使更多熱力從身體散失。當熱力經由皮膚散失之際，皮膚表層敏感的神經細胞會持續感到身體比正常時更熱，令大腦誤以為體表溫度是核心體溫，因而傳遞錯誤信息，令我們有溫暖的錯覺，這個狀況稱為「啤酒毛毯現象」（Beer Blanket Phenomenon）。

寒天下喝酒後使身體發熱純屬錯覺，因此依然要小心注意保暖。

反過來看，酒精其實會令更多熱量分配到皮膚，令核心體溫下降。此外，攝取大量酒精會令身體排汗，汗水蒸發會加速身體熱量流失，使體溫進一步下降。換言之，飲酒只是令大腦出現了溫暖的錯覺，實際上卻會加速人體熱量散失，令我們失溫。

結語：以科學釀出「無酒之酒」
—

社會近年更推崇及注重健康，提倡理性飲酒，冀減低過量攝取酒精致病的風險。科學的存在就是要解決問題，既然明白酒精的壞處，商家便研發出「無酒精仿酒飲料」。以無酒精啤酒為例，現時主要有三種製作方法：一、製釀過程中控制糖的分量，以限制酵母產生酒精；二、釀造後以熱力揮發掉啤酒內的酒精；三、以無酒精的麥芽汁為原料，藉其他加工方式如加入啤酒花提取物、碳酸等模擬啤酒的口感和風味。但在購買無酒精啤酒時留意，由於有些地方的「無酒精」法律定義為酒精濃度低於 0.5%，故即使產品聲稱零酒精，購買前也要細看其成分標籤啊。

01 Carrigan, M. A., Uryasev, O., Frye, C. B., Eckman, B. L., Myers, C. R., Hurley, T. D., & Benner, S. A. (2015). Hominids adapted to metabolize ethanol long before human-directed fermentation. *Proceedings of the National Academy of Sciences of the United States of America, 112*(2), 458–463. https://doi.org/10.1073/pnas.1404167111

02 Brooks, P. J., Enoch, M. A., Goldman, D., Li, T. K., & Yokoyama, A. (2009). The alcohol flushing response: an unrecognized risk factor for esophageal cancer from alcohol consumption. *PLoS medicine, 6*(3), e50. https://doi.org/10.1371/journal.pmed.1000050

CHAPTER 3

鰂魚涌怪獸大廈

——香港暖化（上）
熱島效應非元兇？

作者　小編C

範疇　環境科學／氣象學／地理學

相信各位讀者每年夏天必定有一個共通想法——「為甚麼香港的夏天一定要那麼炎熱？」其實這個不單只是香港人會有的疑問，即使來自澳洲和非洲等印象中氣候相當炎熱之地的旅客，都覺得香港夏天熱得難以忍受。名副其實是「連非洲人都覺得熱」[01]！尤其是身處被稱為「怪獸大廈」的鰂魚涌舊樓群，巨形大廈包圍天際，密不透風，視覺上也悶熱！為甚麼香港的夏天一定要如此炎熱？甚至熱到令人喘不過氣？

熱島效應真是罪魁禍首嗎？

—

無論是在中學的辯論賽，還是以往香港電台《城市論壇》節目上的討論，一談到香港的夏天就多半離不開「熱島效應」這四個字，不過它是否導致天氣炎熱的「萬能 Key」？

或許，更精準地適用於香港炎夏的說法該是「城市熱島效應」（Urban Heat Island Effect）[02]。熱島是一個氣象學名詞，泛指城市地區氣溫較周遭鄉郊為高的現象，而現代我們用氣象衛星以熱紅外線拍攝地表溫度影像，會顯示出城市地區偵測到大量紅外輻射，代表那裏的氣溫特別高，跟包圍着城市且溫度較低的鄉郊地帶差異明顯，令城市看起來就像浮在大片冷空氣上的小島。

「熱島效應」作為都市化的副作用之一，本港最明顯的例子當然是中環、灣仔、油尖旺等地區，而熱島效應發生在市區有兩大原因：

➡ 都市發展令地面被更換成吸熱物料，例如鋪上黑色瀝青的馬路，加上高樓大廈密集建築群在市中心形成都市峽谷（Urban canyon），不利散熱，最終使都市的氣溫保持在較溫暖水平；

➡ 城市中，例如車輛、冷氣機等所排出的「廢熱」，亦是熱力來源之一，配合都市峽谷使熱能不易散逸。

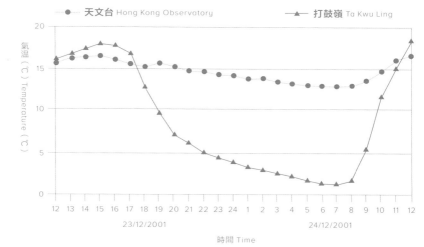

2001 年 12 月 23 及 24 日尖沙咀天文台與打鼓嶺的氣溫變化 03

雖然熱島效應可於日間或夜間發生，但就香港的情況，其實大多屬於夜間現象，而且在冬季時會較顯著，尤其是大氣狀態穩定、微風及天朗氣清的日子。上圖顯示 2001 年 12 月 23 及 24 日尖沙咀天文台總部（城市地區）與打鼓嶺（城市周遭鄉郊地區）的氣溫變化，日間（23 日中午 12 時至 18 時）兩地氣溫大致相若，至晚間（23 日 19 時至翌日 10 時）才有大幅差距。

既然熱島效應多在冬天發生，那其實跟夏天的炎熱並沒有甚麼關係，而不少人利用熱島效應去解釋香港的炎夏，看來就不太準確了。話雖如此，熱島效應是一個重要的環境議題，特別是對居住在劏房等極狹窄居所的高齡人士而言，溫度跟他們的健康有很大關係，因此紓緩熱島效應對提升生活水平是百利而無一害。

言歸正傳，既然熱島效應並不是香港日間氣溫高企的原因，究竟真正的因素是甚麼呢？

香港的樓宇設計規劃產生屏風樓問題，不利都市熱力如車輛廢熱消散。

濕熱與都市微氣候

一

作為一個位於亞熱帶的亞洲沿海城市，香港是濕度較高的城市，尤其是春天的時候，窗上、牆上到處可見凝結的水。春天的氣溫不算太高，還可以讓人輕鬆地呼吸，可是一到夏天情況便截然不同了。

要知道空氣中的濕度其實分兩種，第一種是絕對濕度，意思是指定體積（通常單位是立方米）內的水分重量（通常單位是克）：

$$\frac{空氣中水分的重量}{體積}$$

第二種則是大家經常在天氣報告中聽到的相對濕度，意指空氣中的實際水分含量，與同溫度下飽和水分含量的比例：

$$\frac{空氣中的水分}{空氣可容納的水分} \times 100\%$$

絕對濕度不會將溫度納入計算之中，而相對濕度則會，而且溫度愈高，空氣中可以容納的水分子便愈多。水分子其實也是一種溫室氣體，能夠吸收熱能並引致水源繼續蒸發，形成正回饋，反過來再提高香港的氣溫。而且香港高樓林立，街道把城市切割為一個個稠密的建築群，最終形成「都市峽谷」：一種類似自然峽谷的都市環境，於市中心內形成微氣候。

構成都市微氣候的最主要因素往往離不開風向、風速、溫度和濕度等自然條件，以及人為因素如建築材料、建築物／群的形狀密度等，亦都會令微氣候產生變化[04]。例如銅鑼灣軒尼詩道及怡和街交接處便是「都市峽谷」的最佳例子：軒尼詩道兩旁的建築物剛好擋着風，令空氣中的吸熱水分子和微粒囤在路中心，熱能也在兩旁商場互相輻射積留，不利散熱。

微風、高濕度、太陽照射再加上「都市峽谷」的加持，就會很容易令市中心的溫度在中午時分上升至難以忍受的境界。

濕熱與人體的散熱機制
—

不過，濕度與溫度的關係只是故事的一部分，溫度等的客觀數據其實並不能代表甚麼，「此 30 度並非彼 30 度」，潮濕＋炎熱結成的「濕熱」（在冬天就是濕冷，留意這並非中醫學說的「濕熱」）有一個如此惡名昭彰的名聲，其實和人體的散熱機制有一定關係。

高樓大廈阻擋自然風，
不利空氣對流散熱。

暖空氣更能保留空氣中的水蒸氣（水分子），所以溫度愈高時濕度往往就愈高。當身體覺得熱時自然會想降低體溫，最有效的方法便是流汗。正常情況下，汗水會透過吸熱蒸發成水蒸氣來帶走身體（皮膚上）的熱能。但在風力弱和濕度高的環境下，汗水蒸發率會減慢，甚至無法蒸發，令熱能繼續留在身體，而身體卻會繼續排汗，繼而提升新陳代謝，令身體負擔更大和更感到更辛苦。

香港的樓宇排得密密麻麻，既遮擋着風，也會積儲地面熱能，除非能像鳥般飛上天，否則就要忍受地獄般的悶熱。

結語：單靠風扇對流可以嗎？
——

面對炎炎夏日，開冷氣絕對是最舒服的解暑方法，可是，開冷氣會增加溫室氣體的排放，加劇城市的氣溫上升，似乎並不是個好辦法，那究竟有哪些方法可以令自己舒服一點？前天文台台長林超英和他的風扇好像是個解決方法——不開冷氣改用風扇可大幅減少用電達 97%。風扇又可增強房間中的氣流活動，從而將身體的熱力帶走。

可是，再多的風扇都難以紓減城市的高溫，個人的力量也非常有限，只有政策上的前瞻規劃和改變，才可以真真正正讓香港「退燒降溫」。可惜篇幅有限，我們留待下一篇去看看未來可以採取的行動，再探討現在的行動是否足夠改變氣候現況並應對未來挑戰。

01　梁煥敏、張美華（2018 年 5 月 29 日）。【酷熱天氣】高溫燒滾全城 熱力難擋非洲肯尼亞人也覺熱。香港：香港 01 網站。取自 http://bit.ly/3HleaCa

02　Wang, W., Zhou, W., Ng, E. Y. Y., & Xu, Y. (2016). Urban heat islands in Hong Kong: statistical modeling and trend detection. *Natural Hazards*, 83(2), 885-907.

03　〈城市化效應〉（2022 年 5 月 9 日）。香港：天文台網站。取自 http://bit.ly/3HGc2us

04　Burdett, M. (2019, November 4). Urban microclimates: Causes. GeographyCaseStudy.Com. Retrieved May 9, 2022, from http://bit.ly/3XLlCC7

3.2

香港天文台

——香港暖化（下）
如何面對氣候變化危機？

作者　Kawai & 小編 C

範疇　環境科學／生物學／地理／都市規劃

 　氣候變化不僅是科學問題，更與環境、能源和經濟活動有密切關係，根據聯合國轄下跨政府氣候變化專業委員會（Intergovernmental Panel on Climate Change）評估，全球氣溫有變暖的趨勢，估計在 1990 年至 2100 年間將升高攝氏 1.4 至 5.8 度（下文溫度均為攝氏）。而根據擁有逾百年香港氣候紀錄的天文台數據，也揭示了地球愈來愈熱的片鱗隻爪：踏入 21 世紀後，本港年均氣溫呈升勢，剛過去的 2022 年全年平均氣溫為 23.9 度，較 1991 至 2020 年正常值高 0.4 度，亦為 1884 年有紀錄以來第六溫暖的年份 [01]。

全球暖化對海洋的影響

ー

全球暖化令兩極冰雪融解和海水膨脹，以一百米深的海水層為例，當溫度為 25 度時，水溫每增加 1 度，水層就會膨脹約 0.5 厘米，海水受熱膨脹是導致海平面上升的最主要因素之一，隨時威脅沿海城市的人類存亡。而且因海水表面溫度和深海溫度存在差異，即使全球表面氣溫穩定了，海水表面的熱量也會繼續向深海傳遞，導致深海的溫度慢慢升高，令更多海水發生熱膨脹反應，持續引致海平面上升。

如果要等到海水完全和大氣溫度達到一定平衡狀態（水體不再因熱膨脹），這段反應時間估計需要 300 年之久。香港天文台的資料顯示，維多利亞港的海平面自 1954 年至 2020 年以每十年 31 毫米的速度上升，而美國研究組織 Climate Central 則推算，到 2050 年，全球將有三億人因為海平面上升而面臨水浸威脅！

科學界估算，在過去 100 年，全球海平面上升了 10 至 20 厘米。但其中近 20 年的年均上升速度是 3.2 毫米，約為此前 80 年平均速度的一倍 [02]。大西洋和墨西哥灣沿岸的美國城市，如邁阿密海灘，居民和遊客走在人行道時，經常要踩着深及腳踝的海水，這種現象也被稱為「晴天水災」，在潮汐高峰時期比較容易發生。

沿海城市面臨淹浸危機

—

據一些較悲觀的預測，2040 年前全球海平面可能會上升 60 厘米，2050 年上升至 90 厘米，擁有長海岸線、較多沿海市鎮及大量河流流域的國家如中國、印度和埃及，恐怕會有數千萬人口受到影響，爆發大量難民以及因被水淹浸而失去大量農地。

假如到 2100 年海平面上升至一米時，估計馬爾代夫就會失去 77% 的國土，其他許多地勢低窪的沿海地區也會被淹沒，使數以百萬計人流離失所。而目前一些高危地區，包括意大利威尼斯，印度洋的馬紹爾群島，太平洋的圖瓦盧、基里巴斯等，有部分土地已經被海水淹沒，失去家園的人民只能被迫向內陸遷移。

香港位於華南沿海地帶，直接面對海平面上升所帶來的淹浸威脅！

如果海平面再進一步上升，後果將不堪設想。因此，為控制海平面上升，減少溫室氣體排放以防止全球氣溫持續上升，至關重要，同時也要對海岸線進行大量投資和保育工作，才可以確保居住在沿海地區居民的安全。

香港如何應對氣候變化危機？！

儘管全球暖化已經是老生常談的話題，可行的解決方法相信每位讀者都聽過千百遍。上篇提到為何香港的氣溫如此炎熱，以及不少人如林超英等亦以身作則，試圖改變公眾的想法，提倡透過積少成多的道理，每人配合行多一步，改寫氣候變化趨勢。

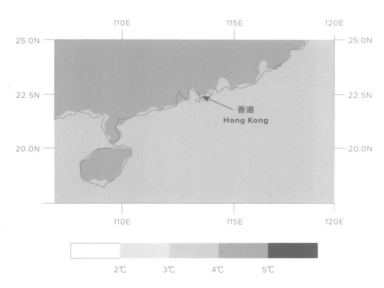

天文台推算在全球維持高溫室氣體濃度排放的情景下，本世紀末華南沿岸地區的年最高氣溫的升幅，香港料變增達攝氏三四度。（資料由「香港特別行政區政府香港天文台」提供）

氣候變化雖然是一個科學問題，不過要實際解決亦不能單單依賴科學，其本質上也是一個政策或社會共識的問題，需要全社會階層的共同付出：由大眾的支持，到政府的政策配合，以至金融機構的方案，環環相扣，缺少任何一環的努力，都無法改變氣候變化危機。

2021 年聯合國氣候變化大會（COP26）最終達成《格拉斯哥氣候協議》，承諾維持讓全球氣溫升幅控制在 1.5 度以下的目標，以及逐步減少使用化石燃料，綠色和平形容該協議「發出了燃煤時代正步向結束的信號」。而針對全球暖化問題，香港政府亦於 2021 年 10 月公佈了更新版的《香港氣候行動藍圖 2050》[03]（簡稱《藍圖 2050》），目標在 2050 年前達至碳中和，並承諾為氣候行動投放 2,400 億港元成立氣候變化與碳中和辦公室，同時亦會加強統籌和推動減碳工作，促進綠色產業發展，創造投資和就業機會，推動創科發展和再工業化，促進應用減碳技術和綠色科研，大專院校課程增潤與氣候變化相關的內容。

鑑於 2019 年本地發電佔了碳排放總量約 66%，香港會持續減少使用化石燃料，加快步伐使用更多清潔零碳能源，淘汰燃煤發電，不再使用煤作為日常發電，由低碳至零碳能源取代，試驗使用新能源和加強與鄰近區域合作，增加可再生能源的發電比例和零碳電力供應，推動節能和提升能源效益，並參考《巴黎協定》，每 5 年檢視減碳策略和目標進行調整，以確保在 2050 年順利達到碳中和。

然而，看似完善的《藍圖 2050》，當中的一些細節卻存在疑問。最主要的一點是，曾人有評論香港似乎採取了「一切依舊」的方向去決定其計劃細節[04]，而非全球通行的科學基礎減量目標（Science-Based Targets），也未有像其他先進城市如倫敦般，在決定未來碳排放的總量期間，引用碳預算（Carbon Budget）概念來訂立全城和每種產業的減排計劃。事實上，若擁有碳預算等關鍵績效指標（KPI），可令社會毋須理會空泛的口號字眼如「攝氏 1.5 度情景」。

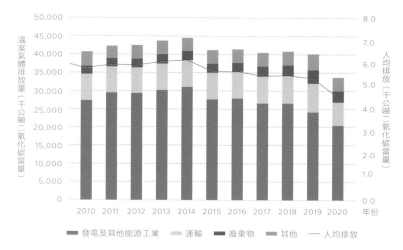

2010 至 2020 年香港溫室氣體排放趨勢

溫室氣體排放量（千公噸二氧化碳當量）

人均排放（千公噸二氧化碳當量）

■ 發電及其他能源工業　■ 運輸　■ 廢棄物　■ 其他　— 人均排放

資料來源：環境及生態局

據香港環境及生態局的數據，近年本港總體的碳排放量呈逐年遞減趨勢，情況總算是令人鼓舞的。

香港的綠色建築發展機遇

—

香港作為氣候炎熱的東南亞城市，市民對於有助提高能源效益的產品，例如隔熱玻璃和空調過濾器等綠色產品的需求逐漸上升。為推動消費者和商界的環保意識，有愈來愈多公司在包裝上添加「可持續」或「綠色」的字眼以突顯跟主流市場的分別，吸引具有環保意識的買家青睞。

近年「綠色建築」的概念也逐漸興起，本港地產發展商在覓地建樓的過程中也要兼顧對環境以及社區的影響，例如恒基兆業地產，新世界集團及新鴻基地產等發展商早在多年前便引用美國International WELL Building Institute（IWBI）的建築指標，衡量建築物對使用者的身心影響。

而為減少商業模式的環境導致的碳足印，例如恒基便積極採用環保設施，採購可再生物料，包括透水性鋪磚、環保再造磚、經認證的綠色和可持續產品、避免使用臭氧消耗類製冷劑和建築物料等，以達到綠建環評（BEAM Plus）金級以上評級 [05]。此評級是專為香港而設的一套為建築物可持續發展表現作中立評估的權威工具，作用是評審建築物的可持續績效，其主要目的是減少建築物對環境的負面影響（甚至反過來對環境作出正面貢獻），盡量減少碳排放，邁向低碳淨零。

本港有不少地產發展商，近年逐漸為旗下的工程及建築物引進綠色建築指標或低碳排放設施。

我港理學——香港今昔未來微科學

結語：可以為環境做到幾盡？

—

整篇看下來，你或者會問：「說好的科普呢？為甚麼整篇都好像是圍繞着政策而寫？」其實筆者在前一篇文章提過，雖然氣候變化是一個科學問題，但解決氣候變化則是一個政策或社會共識問題。科學家透過數據、研究來回應，而香港作為金融主導社會，亦可考慮發掘一下財經層面的手段，如碳稅（Carbon Taxing）、碳定價（Carbon Pricing）等協助紓緩或解決氣候變化危機。

落到個人層面，如林超英般身體力行去推廣其綠色生活理念亦是好的例子，儘管林超英的風扇達不到甚麼巨大減排效果，但當大眾談起他的風扇，其主張的綠色生活思想種子便會在每個人心中發芽，潛移默化地推動社會邁向零碳之路。

01　根據香港天文台網站資料，有紀錄以來最暖的一年為 2021 年，全年平均最高氣溫達 24.6 度，較 1991 至 2020 年正常值高 1.1 度，也較 1981 至 2010 年高 1.3 度。

02　香港中文大學資訊處（2016 年 10 月）。〈蕩漾的未來城市〉。《續綠中大》第 16 期。取自 http://bit.ly/3ZVPyMH

03　可持續發展委員會（2023 年 2 月 1 日）。《香港氣候行動藍圖 2050》。香港：可持續發展委員會。取自 http://bit.ly/3wLEoNS

04　Business As Usual，即以「假設在政府完全不採取任何減量措施，任由自由市場經濟成長，溫室氣體增加的排放量」為基準。

05　香港綠色建築議會（n.d.）。〈綠建環評 - 簡介〉。香港：香港綠色建築議會。取自 http://bit.ly/3RuiLLu

3.3

大帽山郊野公園

——大自然與都市人的
共融體驗

作者 **Kawai**

範疇 環境科學／生物學／地理學／城市規劃

　　香港這個城市一向被視為「石屎（混凝土）森林」，不論港九新界都遍佈高樓大廈。其實，在市區以外，本港仍有大量鄉郊地和樹林，例如位於新界中部，全港最高、雨量最多、溫度最低的大帽山郊野公園。而且全港的市區總佔地也遠少於山林，根據立法會資料，全港約 1,108 平方公里的陸地面積中，只有 25% 屬已發展土地，餘下 75% 仍保留較自然風貌，包括佔地 40% 的郊野公園。因此，社會上曾有聲音提出開發郊野公園邊陲來覓地建樓，難道都市發展與大自然真的勢不兩立？

覓地建屋與郊野保育

根據 2018 年政府土地供應專責小組的說法，數字上推算，0.1% 的郊野公園範圍大約等同 40 多公頃土地，可提供約 7,500 個住宅單位[01]。然而，我們須先反思郊野公園的價值，全港現有 24 個郊野公園，設立目的是保護大自然、為市民提供戶外康樂和教育設施，以及保護自然生態。不少港人熱愛郊遊，在 2003 年 SARS 和近年新型肺炎疫情期間均曾掀起生態旅遊熱潮，市民都想在疫情中到郊野透一透氣。事實上，郊野公園不止是休閒玩樂的去處，更是對大自然的心靈寄託。

學者相信，人們到郊外遠足會有助紓緩精神壓力，保持身心健康。

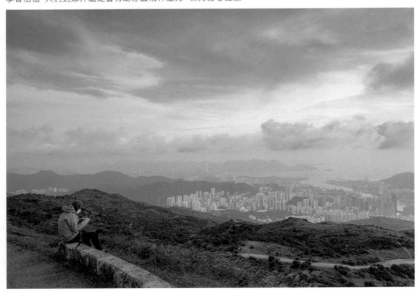

可持續郊遊理念與人體健康

一

在早前新冠疫情肆虐下，人們一度被迫禁足、居家工作（WFH），甚至封關封城，長時間處於封閉環境容易讓人心情鬱悶，人們進一步意識到公園綠地和大自然對精神健康的重要性，也有愈來愈多的研究顯示，大自然能為心理健康帶來許多正面影響。

大量遊人湧到郊野，難免會對自然環境構成壓力。有見及此，環保團體「綠惜地球」在 2018 年開展「共築可持續遠足山徑 —— 無痕山林教育計畫」[02]，希望透過一系列公眾教育活動，包括舉辦以山徑保育為題的講座、郊野步道導賞、清潔山徑及維修山徑義工服務等，推廣可持續郊遊態度和「自己山徑自己修」的山徑管理概念。

郊遊時，大家須確保不對當地生態構成影響，例如只在現存的小徑上行走，避免自行胡亂砍樹開山闢路或踐踏草地，不遺留任何垃圾，不騷擾與破壞任何野生動植物。這正正點出了生態旅遊的最重要原則 —— 透過細心觀察和欣賞，發現大自然的有趣和可貴，了解由動植物組成的生態系統是一個很值得珍惜的大寶藏，從而對大自然產生關愛與感恩之情，並且學會更加懂得欣賞自然生態。

科學家亦持續探索人類在自然環境中的各種生理變化，包括 2006 年的一項研究發現，芬多精原來對人體免疫系統中 NK 細胞（Natural Killer Cell）有正面影響 03。芬多精是一種由樹木分泌出來的揮發性有機物質，而該研究測試的樹種包括日本扁柏、北美香柏、台灣扁柏等。至於 NK 細胞在免疫系統中的角色，主要是針對並排除體內的癌細胞以及被病毒侵入的人體細胞，是保持健康的重要支柱之一。

該實驗的做法是將培養過後的細胞株 NK-92MI，加入會抑制 NK 細胞活性的殺蟲劑 DDVP 後，再量度 NK 細胞的活性。結果發現，如果先把芬多精加進 NK-92MI 培養液一段時間後，才再放入 DDVP，對比起此前從沒有加入芬多精的對照組，前者的 NK 細胞活性會增加 45% 至 50%。實驗結果反映利用芬多精提升人體免疫力的可能性。因此許多商家會在各種植物精油中添加芬多精，標榜其具有殺菌、淨化人體、防病等功效，也常用於芳香療法。

而同一組科學家在 2010 年更發表了延伸研究，指出只要每個月進行一次三日兩夜的森林露營，便能夠提升人體內的 NK 細胞活性喔 04。

非開發郊野公園不可嗎？

—

回到都市與大自然共融的主題，雖然香港陸地總面積中約四分之三是維持自然風貌的郊野地帶，但這些土地不是位置遠離市區，就是在未經平整的陡峭山嶺，欠缺道路及水電網絡，如要發展必先經過漫長而複雜的規劃程序，以及平整土地和加設基建配套等工程。根據政府提交予立法會的文件資料顯示，原始土地從開始規劃到完成首期建造工程須花 15 年至 18 年。很明顯，開發郊野公園並不能即時解決現存的房屋問題。

> ## 北部都會規劃的保育元素
>
> 提到城市規劃，港府於 2021 年 10 月發表的《北部都會區發展策略報告書》，亦嘗試將「城鄉共融」與「積極保育」納入規劃原則，包括合理利用、活化和保護新界北部地區的人文及天然資源，營造「城市與鄉郊結合、發展與保育並存」的都會景觀。更引進「海綿城市」理念，即是在城市開發及規劃過程中保持當地水文特徵（以及生態系統）不變，長遠建設可持續的碳中和智慧社區，同時為市民提供優質的戶外生態康樂空間，達至人與自然的共存。

本港的城市區域與郊野地帶十分接近，而「棕地」往往成為入侵鄉郊地帶的尖刀。

另一邊廂，規劃署於 2019 年發表的《新界棕地使用及作業現況研究 —— 可行性研究》指出，香港現有超過 1,300 公頃棕地。棕地泛指位於新界的農地或鄉郊土地，大多屬私人擁有，並且已經荒廢及改作其他跟周邊環境不協調的土地用途，包括貨櫃場、停車場、工場、廢料回收場等。棕地除了與周邊土地用途不協調，亦為附近居民帶來很多環境問題，因此社會有聲音指出，那些已經完成平整及毗鄰交通基建網絡的棕地，應該優先劃作房屋發展用途。此外，不論在新界與市區也不難發現遭閒置的土地或設施，政府應該主動審視跨部門所管有的物業和土地是否物盡其用，防止荒廢的用地或設施（如廢置校舍）空佔珍貴的土地資源。

結語：港人參與促進城郊共存

—

據漁護署 2020 年至 2022 年統計，每年到訪本地郊野公園及海岸公園的遊客均突破 1,200 萬人次，反映擁抱大自然的風潮高漲。而署方為鼓勵探索大自然，也推出「郊野公園樹木研習徑」App 和網頁，還編製書籍介紹十多條香港郊野公園研習徑，以及沿途常見的近百種樹木與其他植物，分別在大埔滘、城門及大欖設立了野外研習園、蝴蝶園及生態園。其實只要港人多些透過親身接觸，享受並發掘大自然的生趣，就是促進城郊共融的可行法門之一。

01　土地供應專責小組（2018 年 4 月）。《增闢土地，你我抉擇》宣傳小冊子。香港：土地供應專責小組。取自 https://bit.ly/3GWLbJa

02　綠惜地球（n.d.）。〈無痕山林 共築可持續遠足山徑〉。香港：綠惜地球。取自 https://greenearth.org.hk/naturetrails/

03　Li, Q., Nakadai, A., Matsushima, H., Miyazaki, Y., Krensky, A. M., Kawada, T., & Morimoto, K. (2006). Phytoncides (Wood Essential Oils) Induce Human Natural Killer Cell Activity. *Immunopharmacology and Immunotoxicology, 28*(2), 319–333. https://doi.org/10.1080/08923970600809439

04　Li, Q. Effect of forest bathing trips on human immune function. Environ *Health Prev Med 15*, 9–17 (2010). https://doi.org/10.1007/s12199-008-0068-3

05　漁護署 (n.d.)。認識郊野公園及海岸公園：統計數字。香港：漁護署。取自 http://bit.ly/3Jg6qbq

3.4

西九 M+

——本地文創藝術如何科技？

| 作者 | Crystal 林雪 |

| 範疇 | 裝置藝術／科學教育／網絡科技 |

假如十年前問香港有甚麼文化藝術建設，筆者作為行外人，除了想起香港文化博物館，實在不知道還有甚麼相關大型建設。反觀近年香港政府大力鼓勵藝術界發展，先是翻新了香港藝術館，後有號稱「世界級的美術博物館」、耗資 49 億港元建成的視覺文化博物館 M+。而於 2022 年 10 月發表的《施政報告》中，更表明會繼續大力推動科技與文化，讓兩者相輔相成、以一個共同體而非個別地發展。科技和文化看似無甚關連，到底要如何攜手合作、並駕齊驅呢？或許一些科學＋藝術設計品可以帶來啟示？

圖片由 M+ 提供。

科技與文化如何融合？

—

若你有緊貼潮流，一定會知道或聽說過近年大熱的 **NFT**
（**Non-Fungible Token**，中譯：非同質化代幣），這正是
把網絡上的區塊鏈技術跟藝術或文化創作品融合的好
例子；又或者你曾參觀 **2022** 年 **6** 月下旬至 **12** 月在添馬
公園及中西區海濱長廊舉辦的「藝術有理」展覽，就會
發現原來科學、科技、物理理論、工程和數學不是公式
與數據，甚至可以化成一系列大型戶外藝術裝置，以生
動且美輪美奐的形式呈現出來。

影像技術的進步，為包括 M+ 在內
的新世代藝術館和博物館，帶來
更多互動和視覺元素。

當然，藝術作品定義廣泛，由影視畫像到文學詩詞，再到時裝設計⋯⋯藝術家可通過無限種模式來表達自我。如今身處網絡與數碼時代，藝術作品不再局限於文字、圖像、電影、音樂，更拓展至 3D 動畫、虛擬歌手、VR（虛擬實境）體驗等等。連最新的《十四五規劃綱要》中亦提到要善用科技與時並進地促進文化發展，使傳統文化產業得以承傳。

科技與文化的融合發展能擦出甚麼火花呢？以 M+ 為例，六個展館各有特色，不僅展出了過千件中西文化融匯的藝術品，更運用沉浸式及多媒體技術，藉着投射與光影、LED 大型屏幕展示動畫等媒介，帶來更創新、更多元化、更互動性的體驗。

近年香港的科技藝術展

本書較前的篇章提到香港名列「世界五大夜景」之一，霓虹燈招牌實在功不可沒，我們當然要保存這個集體回憶，因此西九文化區於 2014 年推出了旗下首個互動網上展覽「NEONSIGNS.HK探索霓虹」（www.neonsigns.hk），向公眾收集了 4,461 張霓虹招牌照片，讓市民恍如參與了策展的一部分，共同創造出獨一無二的香港霓虹地圖。

上述活動不但打破了一般展覽活動的單向式體驗，更由網上展示延伸至與 Google 合作，利用 Google 地圖的 Street View 街景拍攝技術，捕捉一系列香港霓虹招牌影像、大量珍貴的檔案照片與舊錄像，一併在 Google 的虛擬博物館「香港的霓虹招牌——過去和現在」內展示。再加上多位知名攝影師的圖像和紀錄片，整個觀覽體驗雖然完全電子化，卻不遜色於親身到廟街走一趟，甚至更多了一分古典文藝的氣息，也更方便人們探索相關資訊。

假如我們跳出螢幕，親身到戶外走一躺，香港其實還有更多令人大開眼界的科技藝術展覽。例如 2022 年添馬公園及中西區海濱長廊就舉辦了一個以科學為概念的藝術展覽 ——「香港賽馬會呈獻系列：藝術有理」(scienceinart.hk)，展出一系列共 13 個藝術裝置，大部分以自然奧秘、物理理論或數學公式為創作意念，既有運用 AR（擴增實境）呈現分子結構與重力的畫作，又有以光影折射構成的水滴型藝術展品。其中令筆者印象最深刻的是黃宏達先生設計、名為「愛回家」的六角形的作品，靈感來自龜殼的六邊形數學結構，利用結構工程軟件計算結構的參數，配以不鏽鋼製成的主體框架，以及符合人體工學的腳蹼和環保木製成的長凳。入夜後展品會自動亮燈，更可即時下載流動應用程式來控制改變燈光的顏色，不僅美觀，也兼具互動元素。

如何善用科技推廣文化？

—

如果想運用科技使傳統文化得以承傳，其實外國有不少例子可供香港參考，例如微軟推出了名為 AI for Culture Heritage 的計劃，利用人工智能保育現存的文化遺址，嘗試重建失落的文明、重現昔日大國的光輝。微軟運用 3D 繪圖技術把正在保育的遺蹟全面電子化，讓民眾可以隨時隨地於網上參觀古蹟的 CG 風貌，

名為「愛回家」的展品，意念來自六邊形數學結構，呈現數學之美。

既打破了時空地域的限制，亦有助促進不同文化之間的交流了解，甚至讓現代人可以見識千年前的古希臘文化與民生。

或許香港都可仿效以保留本土文化及遺蹟，把實體的民間傳統活動及不敵歲月洗禮的舊事物，譬如鹽田梓的百歲鹽田、長洲的搶包山、大澳的棚屋等，通通虛擬電子化，這確實是文化保存和傳承的好方法之一。不過亦有聲音認為這種所謂的「保育」，有失文化的原本面貌，走馬看燈式的電子導賞充其量只是紙上談兵，難以讓觀眾真真正正地感受一座偉大遺址的震撼、一個文明背後的意義。

事實上香港倒真不乏這方面的嘗試，例如水務署就為前深水埗配水庫（別稱深水埗主教山配水庫）設立了「配水庫虛擬導覽」網站（www.wsd.gov.hk/VirtualTour/），除了介紹配水庫的歷史、工程特色和早期九龍重力自流供水系統的資訊之外，更利用2021年1月拍攝的相片紀錄，提供360度全景虛擬導覽功能，可在網站上看遍蓄水池內各處，以及仿羅馬紅磚半圓拱柱。

又例如古物古蹟辦事處曾跟香港珠海學院建築系合作，於2022年5月至8月在香港文物探知館舉辦「香港文化遺產的『美』：用現代科技去展現中國傳統建築的結構美」展覽，使用三維數據建模、掃描、打印、AR和虛擬實景等科技，來分析、歸納和呈現建築遺產的多層信息，再透過2D圖則、3D數據和實體模型，助觀眾欣賞香港文化遺產的中式建築之美。此外，相信不少

水務署的前深水埗配水庫虛擬導覽，讓公眾透過網絡參觀現已封閉的配水庫內貌。

港人記憶猶新，曾先後於 2010 年及 2019 年來港出展的電子動態版《清明上河圖》，也算是影像科技與文藝的精彩結合。

結語：由小腦着手融合科技文化吧！

—

當然，上述大致上都只是用科技推廣文化，或把科技融入文創，若循着微軟 AI for Culture Heritage 的思路走，透過科技來複製文藝作品及遺蹟環境，再配以刺激視覺、聽覺甚至觸覺等感官的沉浸式體驗技術，提升氛圍，大概就能更完善地保留文化，亦能使訪客留下更深刻記憶。而多感官體驗更有效的原因其實與我們的小腦（Cerebellum）有關。

心理學家 Richard Thompson 的研究證明，小腦中的「下橄欖核」（Inferior Olive）是形成記憶的重要部位之一，能協同人腦各感知於中樞神經來顯著提高記憶的質量。換言之，動用的感官愈多，會同時刺激多個感知區域，從而提升短期記憶在海馬體「存入」大腦皮層的機會，有助把短期記憶轉化為長期記憶。多元化的互動體驗不僅可提升用家的興趣和體驗，連帶令印象和記憶更深刻，好像 2022 年正式開放的香港故宮博物館就運用了不少科技元素，包括一系列的投射動態裝置，讓參觀人士能生動地欣賞古代陶瓷技藝；螢幕觸控的毛筆體驗遊戲，以力道和筆觸帶出古時的書法美感。這類互動式展覽，無疑有利於傳承文化。

3.5

明日大嶼

——填海對生態是危是機？

| 作者 | Kawai |

| 範疇 | 環境科學／生物學／地理 |

香港自 1842 年首次進行非正式填海工程（把築路衍生的沙石傾倒進維多利亞港增加可用土地面積），其後於 1852 年正式開展《文咸填海計劃》，原來填海這回事，至今已經擁有約 180 年的歷史。而近年出台的填海計劃就有「明日大嶼願景」，擬於鄰近大嶼山的交椅洲和喜靈洲附近填海興建總面積達 1,700 公頃的人工島。

從大嶼山眺望交椅洲一帶，預計將成為「明日大嶼願景」的海域。（圖片 ©Big Dodzy on Unsplash）

淺談本地填海史

—

由於香港缺乏足夠平坦土地應付開埠以來城市發展所增加的工商住等需求，尤其是 1950 年代起，香港人口急增，工商業蓬勃發展，房地產也逐漸興起，填海工程為支撐經濟提供積極作用。

據統計，截至 2019 年，本港歷來多項填海工程累計造地面積達 7,051 公頃（約佔全港整體土地面積的 6%），例如 1970 至 1990 年代靠填海土地興建的六個新市鎮（荃灣、沙田、屯門、大埔、將軍澳和東涌），現在合共容納 280 萬人，佔全港人口逾三分之一[01]。填海工程在社會發展方面顯然有其建樹，然而保護大自然原貌和天然海岸線亦很重要，我們從科學角度上應如何理解填海？

明日大嶼願景中，填海建成的人工島將發展為東大嶼都會；此為電腦模擬圖。（圖片來源：香港特別行政區政府發展局、土木工程拓展署及規劃署在 2022 年 12 月向立法會提交之 CB(1)930/2022(01) 號文件）

低排放的現代填海工程

—

我們就以比較新的填海工程 —— 東涌東填海項目 —— 為例 [02]，嘗試探究現今本地使用的填海工程新技術吧。東涌東填海是首個應用「深層水泥拌合法」（Deep Cement Mixing）的工務工程項目，透過非浚挖式（不移除海床淤泥）的方法填海造地。深層水泥拌合法即是以攪拌方式將工程船上（每艘可載水泥達 480 噸！）的水泥注入海泥層，每次進行攪拌時，船上三組攪拌杆會鑽入海泥層，同時將水泥漿與鬆軟的海泥混合以加固淤泥，形成堅硬的水泥拌合柱；一根根泥拌合柱在海床組合成深層水泥拌合地層，鞏固海床，以承托之後在上面建造的海堤及鋪設填料。

傳統浚挖方式填海需要先挖走海床下的淤泥，然後回填砂料及惰性建築廢料以穩固海堤地基，但上述挖走、運輸及傾倒淤泥，均會損害海洋生態及水質。至於較新穎的深層水泥拌合法，在施工期間毋須清除及運走淤泥，亦可以減少海水中的懸浮粒子產生，藉此降低對附近水質及海洋生態造成的影響，加上不需要使用運輸工具收集及傾倒淤泥，也可有效減少碳排放。

當然，現階段尚未知悉明日大嶼會使用甚麼填海工程技術，而且新技術充其量亦只是相比傳統技術減少影響自然環境，而非全無損害，施工期內有可能產生空氣、水質、噪音等污染，而工程或相關船隻交通會對附近生境及相關野生生物造成干擾，包括具保育價值的動植物，如珊瑚群落、馬蹄蟹及白腹海鵰等。

香港史上最貴人工島？！

—

2018 年時任行政長官林鄭月娥在《施政報告》中宣佈，計劃在香港島西部及大嶼山東部之間的水域，分階段進行填海項目，興建面積約 1,700 公頃的人工島。預計 2025 年動工，2032 年完成填島、房屋及交通配套等目標，涉及總造價達 6,000 億港元，一舉成為香港開埠以來耗資最龐大的基建項目。開支高達數千億元的工程固然是一筆非常重要的投資，根據香港測量師學會估算，交椅洲人工島未來的私人住宅及商業地的土地收益為 7,070 億至 8,230 億元 [03]，已經能夠應付整個首階段發展工程的開支，換言之，這項投資並非沒有回報的。

但凡事都有一體兩面，帶來機會亦存在危機，有環保團體指出，原本棲息在北大嶼山水域的 40 多條中華白海豚，於港珠澳大橋竣工後已絕跡於工程周邊 3,000 公頃水域（面積是施工範圍的 18 倍），而因應環評報告而設立，期望作為工程影響緩解措施的保護區卻未見成效。不禁令人擔憂明日大嶼項目有機會令全球瀕臨絕種的中華白海豚及江豚，以至其他物種絕跡於香港海域。

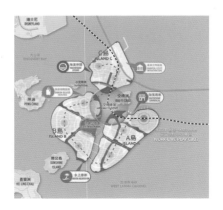

明日大嶼擬建約 1,700 公頃的人工島，涉及總造價達 6,000 億。（圖片來源：香港特別行政區政府發展局、土木工程拓展署及規劃署在 2022 年 12 月向立法會所提交之 CB(1)930/2022(01) 號文件。）

結語：填海工程是柄雙刃劍

—

無可否認，填海對香港城市的整體發展（不只經濟，亦包括民生和社會層面）有舉足輕重的作用，回首香港開埠歷史，填海為人們提供大量空間容納住屋單位和基建設施。當然，代價就包括了維港愈來愈狹窄，海岸線愈見狹長，以至對海洋生態的深遠且巨大影響。雖然現代填海工程能夠減低對自然的破壞，但財政開支及瀕危物種的續存問題也不容忽視。不知各位讀者又對填海抱持甚麼態度呢？

01　立法會秘書處資料研究組（2019 年 12 月 13 日）。《選定地方的填海歷史及其社會效益》。香港：立法會秘書處。取自 http://bit.ly/3Xc9oTd

02　黃偉綸（2020 年 12 月 6 日）。〈東涌東填海非浚挖式新技術〉。香港：香港發展局。取自 https://www.devb.gov.hk/en/home/my_blog/index_id_419.html

03　此數字是按人工島上私人住宅發展初步規劃參數的下限，即私宅單位 45,000 個，輔以 2019 年第一季樓市價格水平推算所得；假如以初步規劃參數的上限 78,000 個單位計，相關土地收益約為 9,740 億至 11,430 億元。

3.6

香港仔隧道

——隱藏於地底的粒子實驗室

作者　小編C

範疇　粒子物理學／物理

相信大部分香港人對於香港仔隧道的印象都是車多,到了上下班繁忙時間更是異常擠塞,擠塞程度甚至被市民謔稱為「時光隧道」—— 進入隧道時還是陽光普照的中午,塞完車出隧道時已是月明星稀的夜晚。不過,香港仔隧道其實藏有一個被遺忘的秘密,關乎一個鮮為人知的物理實驗室!

2006年時,工作人員把實驗用具在運入香港仔隧道實驗室內。
（圖片由梁幹莊博士提供）

隧道實驗室的前世今生

—

沒聽說過也不要緊，只要大家 Google 一下「香港仔」、「實驗室」，第一頁第一項搜尋結果就已經是維基百科的「香港仔隧道粒子物理實驗室」條目，之後還有不少媒體的相關報導和一篇研究生畢業論文。為節省大家搜尋的時間，就由筆者簡單告訴大家這個實驗室的由來。

上世紀八十年代，香港大學擬進行有關宇宙粒子的研究，需要一個可以供他們進行實驗的場地。研究人員巧合發現，位於港島中部金馬倫山和聶高信山的山體內，當時正在興建的香港仔隧道完全符合他們的要求，因此向隧道公司提議出資加建實驗室的要求，並獲對方接納。可惜在隧道落成與實驗室完成了實驗項目後，香港便再沒有進行過同類型實驗，導致實驗室一直關閉荒廢，甚至被人遺忘。

時隔廿多年後，2006 年，香港大學與香港中文大學參與了一項由大亞灣實驗室主導的研究，因而需要重啟香港仔隧道內的實驗室。惟因該隧道的日間交通非常繁忙，研究人員只可以在半夜車流較少的時段，進入隧道內的實驗室工作。而且實驗室是在數十年前興建，故設備非常落後，網絡頻寬只有 56K 的龜速不在話下，又因供電有限而無法長時間開啟冷氣機，研究人員只能靠風扇解熱，汗流浹背地進行實驗。最終研究人員克服場地限制，在 2012 年完成研究。

香港仔隧道車流多，看似平平無奇，原來暗藏科研奧秘。

故事中有一個有趣的小插曲：當大學研究團隊向隧道公司申請使用實驗室時，隧道公司的職員竟然不知道該實驗室的存在，要翻查昔日文件才恍然大悟。

大家讀到這裏或者會問，就算香港土地緊缺問題嚴重，但大學校園應該會有足夠空間進行實驗吧，為甚麼偏偏要在熙來攘往的香港仔隧道開闢一個山洞實驗室？

由「宇宙說明書」粒子物理學說起

—

心水清的讀者應會發現，筆者在上文中沒有提到粒子實驗內容，以及實驗室選址原因，這是因為兩者其實是息息相關的。要解答大家的疑惑，筆者必須先簡單解說一下粒子物理學的基本概念。

顧名思義，粒子物理學是圍繞着基本粒子（Elementary Particles，即組成物質的最基本單位，科學上視這些粒子無法再被分割，沒有內部構造，因而得名）所建

粒子物理標準模型

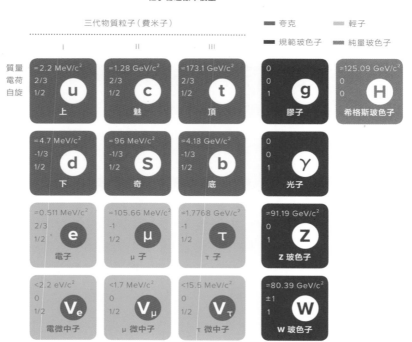

立，並且以「標準模型」（Standard Model，參見「粒子物理標準模型」圖）作為中心學說的一個物理學分支。

標準模型的作用是描述這些基本粒子的所有特性，以及它們之間的相互關係／作用。可以把標準模型想像成一本宇宙說明書，能夠闡釋自然界四大作用力（除了重力）中電磁力、強作用力和弱作用力之間的關係，亦即是基本上可解釋宇宙中大部分物質是如何組成和其中的運作原理。而為了驗證標準模型，便需要進行粒子物理學的各式實驗（例如尋找「上帝粒子」希格斯玻色子）。

目前粒子物理學的實驗分為兩大類：第一類是高能量粒子撞擊實驗，例如位於法國和瑞士邊界的 CERN（歐洲核子研究組織），以及美國的 Fermilab（費米國立加速器實驗室）都是著名的粒子物理學實驗室，利用粒子加速器進行研究。原理是將千千萬萬粒子（成為粒子束，即一團粒子）加快至不可思議的速度（速度愈快，粒子的能量也愈大），並且讓它們在探測器範圍之內作高能量碰撞，粒子束便會向四方散開，甚至可借助高能量憑空出現粒子。探測器會檢查並記錄粒子的能量特徵，估算碰撞出的粒子種類和特性。這個研究方法就好像將兩架車高速對撞，之後將散滿一地的零件和殘骸逐項檢查，以了解零件的作用和特性（這種說法只適用於部分實驗，例如質子和質子的碰撞）。

2006 年研究人員在香港仔隧道實驗室內設置實驗儀器。（圖片由梁幹莊博士提供）

第二類實驗的檢測裝備主要由一大缸密封着的化學液體構成，當目標粒子穿透這些液體閃爍體（Scintillator，以下簡稱閃爍液）時會發出閃光，科學家利用閃爍液的特性，令原本較難產生互動反應的粒子，有更大機會被捕獲檢測出來。不過這類液體非常靈敏，很少量的輻射已經可以令實驗用的設備產生反應，其中又以宇宙射線為最大的干擾源。

香港仔隧道實驗室便是第二類的方向，不過這實驗室的位置有其獨特之處！如果打開地圖便會發現，香港仔隧道正好從金馬倫山和聶高信山兩座山的山體下方穿過，而實驗室就是設於隧道的中間。不過實驗室雖然位於地底，卻可算是一個穩穩當當的宇宙望遠鏡！

µ 子實驗室為何要建在地底？
—

相信各位讀者頭上必定有很多個問號，為甚麼建在地底的實驗室，會被筆者說成是對外的望遠鏡呢？

首先，我們要理解實驗室的目標：µ 子（Muon，又稱緲子、繆子），µ 子是標準模型的其中一種粒子，可以想像是一種「加重版的電子」（以靜止質量來說）。而 µ 子於地球上唯一的自然來源，是大氣層 —— 當來自外太空的宇宙射線和大氣層內的大氣粒子碰撞，過程之中便會形成 µ 子。實驗室的目的就是測量在大氣層產生的 µ 子，從而觀察宇宙射線的特質和來源，對探索宇宙有一定的作用。

⚡ | 甚麼是 µ 子？

µ 子其實只有 2.2 毫秒（0.0022 秒）的半壽命（Half-life），如果不計算相對論的影響，µ 子只可以在這超短時間內行走大約 456 米。不過因為其速度幾乎接近光速，相對論的影響極之巨大，令 µ 子可以由大氣層抵達地面。

而金馬倫山和聶高信山的山體為實驗室提供一個有利的條件，因為實驗室的正上方是最少山體的位置，而兩旁則有兩座山的屏蔽，可隔絕大部分的宇宙射線和 μ 子，而實驗室上方較薄的山體則讓 μ 子能輕易進入，令實驗室只能探測到垂直而來的 μ 子。當地球自轉時候，實驗室便會好像一個垂直望上天空的掃描器了。

香港有條件做粒子物理學實驗？

在 2012 年，上文所述由大亞灣實驗室主導、本地大學有份參與的研究，最終取得突破，量度出中微子震盪模式精確數值，擊敗了世界其他正在進行同類項目的頂尖科研團隊，例如日本的 T2K 和美國的 Fermilab，並獲世界頂級學術期刊《科學》列為該年度十大科技突破。可惜於 2014 年該實驗完成後，隧道實驗室又關閉了。

放眼全世界，其實此類型的山洞實驗室非常珍貴，始終中微子實驗室對環境的要求非常高，雖然只是在山中或地下挖一個洞，但造價可以非常昂貴。反觀香港的山體和地質十分適合建造此類實驗室，當然，香港仔隧道的粒子實驗室規模相比其他國家可以說是「蚊型」，但香港彈丸之地能有這個實驗室，其實很幸運。

結語：願社會多關注，科研信有明天！

—

近十多年來，本地社會對科研愈趨重視，而前沿科學的發展看似無關你我日常生活，但其實這類研究是一種投資：將香港整合至世界的科學界之中，創造更多國際和香港之間的科學合作，可以令香港聯繫到更多科研人材，站在科技發展的最前線。

不論是繼續善用香港仔隧道的粒子實驗室，或是在大嶼山另起爐灶建立新的實驗室，甚至發展其他的科學研究，民間或學界的努力固然可以取得不錯成果，但大規模發展仍要倚賴政策支援。可惜本地政策和資源都未能提供有效支援，這個問題不單影響粒子實驗等高深學科，其他例如生物科技等研究依然極度倚賴海外機構的認證。重重困難下，筆者仍相信香港科研有明天，希望讀者往後能多留意本土科研人員的努力和成果。

參考資料

Blyth, S. C., Chan, Y. L., Chen, X. C., Chu, M. C., Hahn, R. L., Ho, T. H., ... & Yeh, M. (2013). An apparatus for studying spallation neutrons in the Aberdeen Tunnel laboratory. *Nuclear Instruments and Methods in Physics Research Section A: Accelerators, Spectrometers, Detectors and Associated Equipment, 723*, 67-82.

3.7

堆填區

——都市垃圾爆滿的
解決方程式？

| 作者 | Nat |

| 範疇 | 環境科學／生物學／化學 |

香港開埠後迅即成為亞洲重要的
轉口港之一，至上世紀 50 年代於
輕工業帶動下經濟起飛，到七八十年代
更成為國際金融中心之一。然而，在這個
都市光鮮繁榮、紙醉金迷的表面之下，卻
無聲無息地潛伏着一個已點燃的計時炸
彈⋯⋯香港的垃圾堆填區隨時「爆」！

城市愈發達，廢物愈多？

—

香港除了經濟發展迅速外，堆填區的「發展」速度亦不容忽視。筆者將經濟及堆填區兩者相提並論，不是隨意地將兩樣有上升趨勢的事物放在一起，事實上，經濟發展程度與廢物製造量有正相關的關連性。有數據指出，富裕地區相比起發展中的國家人均製造出更多廢物 [01]。這也不難理解，當富裕地方的人均國內生產總值更高時，普遍市民的收入增加，連帶購買力提升。同時，在全球化的影響下，各大品牌跨地域進駐不同城市，受到以「快速時裝」（Fast Fashion）為代表的快速消費品文化所影響，人們更常購置新產品，令更多舊物被拋棄。

相比起每季更換時裝，現在不少品牌愛以短期多款的方式推出商品，再標上低價吸引客群購買。可是，在製造大批衣物的過程中會消耗大量資源及排放出難以分解的污染物。「快速時裝」來得快也去得快，這類衣服的價錢低廉，推動消費者未經三思就購買，回家後發現不適合才丟棄也不覺可惜。環保團體綠色和平於 2017 年的《港人網購行為及心態調查》結果顯示 [02]，受訪的香港市民每年購買約 18 件衣物，每四件有一件穿着少於兩次就被丟棄，四成人平均穿着每件衣物亦不超過五次。然而，衣服範疇的浪費卻只是佔堆填區的冰山一角。

全氟辛酸(Perfluorooctanesulfonates, PFOS)、全氟辛烷磺酸
(Perfluorooctanoic Acids, PFOA)是兩種常被應用於戶外服飾上的全
氟化合物(Perfluorochemicals, PFCs)。基於 PFCs 的長碳鏈端為疏
水性,而另一端則為親水性,此特性為衣物提供防油、防水的功效。但
它的強碳氟鍵結難以被分解,容易累積在生態系統中。研究指這種化學
成分有機會破壞動物的免疫系統及肝臟功能,更可能致癌和影響生育,
最終受害的還是人類。

過度包裝之禍

就商品設計而言,過度包裝的問題也不能忽視。為提升產品看
起來的價值,不少商家在包裝下工夫,加上近年網上購物日趨方
便,為避免商品在運送期間出現破損,商家送出貨物前都會先進
行「五花大綁」,在產品原有包裝外再加上一層層泡泡紙、紙皮
箱、速遞袋等。

本地環保團體進行的一項調查顯示,香港一年間產生了超過 7.8 億
件的網購包裝廢物,而抽查的樣本中亦發現平均每件貨品都用上
2.2 件以上的包裝,其中最多甚至有九件包裝物 [03]。即使買家考
慮把包裝物送往回收,但面對多種不同材質的包裝物,卻難以分
辨哪些可回收,哪些不行,結果令沒有實質用途的包裝品送入垃
圾桶中。筆者亦曾經被包裝設計精緻的產品吸引,但購買後要處
理包裝物時就有種「食之無味,棄之可惜」的感覺。

都市垃圾何去何從？

——

按環境保護署（環保署）的資料顯示，香港主要的廢物
處理方式為將其運送往堆填區堆填，佔比接近七成，
餘下三成是以回收方式循環再造。談到堆填區，大多數
人都會想起香港三個運作中的堆填區，但香港原來還有
13 個已關閉的堆填區，它們分別於 1960 至 1988 年間
啟用，但這些舊式堆填區設計未有安裝妥善的堆填氣體
和滲濾污水管理系統，故延伸出額外的環境污染問題。

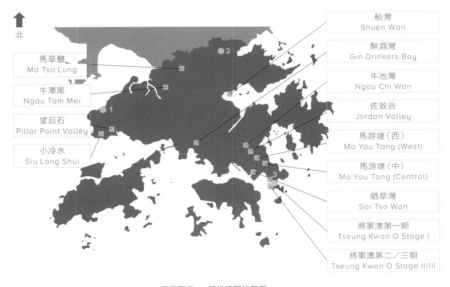

| 船灣 Shuen Wan |
| 醉酒灣 Gin Drinkers Bay |
| 牛池灣 Ngau Chi Wan |
| 佐敦谷 Jordan Valley |
| 馬游塘（西）Ma Yau Tong (West) |
| 馬游塘（中）Ma Yau Tong (Central) |
| 晒草灣 Sai Tso Wan |
| 將軍澳第一期 Tseung Kwan O Stage I |
| 將軍澳第二／三期 Tseung Kwan O Stage II/III |

馬草壟 Ma Tso Lung

牛潭尾 Ngau Tam Mei

望后石 Pillar Point Valley

小冷水 Siu Lang Shui

北

香港歷來 16 個堆填區位置圖

目前只有以下三個仍在運作

① 屯門稔灣新界西堆填區

② 打鼓嶺新界東北堆填區

③ 將軍澳新界東南堆填區

圖片來源：環境保護署

堆填區垃圾在堆埋的過程中會進行降解，並釋出惡臭、易燃的堆填氣體，以及含有重金屬、化學物質等有毒成分的滲濾液（Leachate）。如果沒有妥善的堆填設計，這些滲濾液就會滲進土壤，及污染地下水資源。為避免安全和環境問題，舊式堆填區陸續於 1996 年或之前被關閉和進行復修工程，加設相關的污水和氣體處理設備並栽種植物作美化後，發展成各類康樂設施及綠化地帶。

而現時仍在運作的三個策略性堆填區，包括位於屯門稔灣的新界西堆填區、將軍澳的新界東南堆填區，以及打鼓嶺的新界東北堆填區，分別在 1993、1994、1995 年啟用，佔地面積分別達 110、100、95 公頃，合共超過 300 公頃（大約等同於 300 個標準足球場面積），並提供近 1.4 億立方米的棄置空間。基於每年棄置於堆填區的垃圾平均達 500 萬公噸，按比例推算，三個堆填區將於 2030 年達至飽和。

面對堆填區飽和問題，環保署已於新界東南堆填區開展擴建工程，並正在積極研究另兩個堆填區的擴建議案。不過，土地供應不足一直以來都是困擾香港的一大民生議題，要繼續分配珍貴土地供廢物棄置用途，顯然非長久之計。就此，港府於 2021 年 2 月發表的《香港資源循環藍圖 2035》中，提出以「全民減廢 · 資源循環 · 零廢堆填」願景和方針擺脫對堆填區的依賴 [04]。

全民減廢 · 資源循環 · 零廢堆填

—

為達致源頭減廢，政府於 2021 年 8 月 26 日通過《2021 年廢物處置（都市固體廢物收費）（修訂）條例》，期望以「污染者自付」的收費計劃作誘因，驅使都市固體廢物的人均棄置量減少 40% 至 45%。此外，環保署亦致力推廣社區回收網絡「綠在區區」，以及考慮加強中央收集低價值回收廢物（例如廢塑膠、廢紙）服務等，目標將回收率從 30% 提升至 55%。

上述的「全民減廢」及「資源循環」並不難理解，但要「零廢堆填」，也未免太天馬行空，怎樣減廢回收也一定會有廢物製造出來吧？除了以堆填來處置廢物外，政府亦考慮發展轉廢為能的基礎建設，從而大幅減少運送往堆填區的垃圾量。基建選項之一是爭議不斷的焚化爐設施。

科學透視焚化技術

—

香港政府於 2002 年起就向各國尋求廢物處理的方案，最終決定興建石鼓洲綜合廢物管理設施，並於當中引入新焚化技術。這種先進的技術需要確保垃圾能在大量氧氣下燃燒至攝氏 850 度以上，以防止不完全燃燒（Imcomplete Combustion）所產生的有害二噁英及一氧化碳（CO）。在燃燒一些含氯的塑膠時，當焚燒溫度低於 800 度，就有機會產生二噁英。另外，在氧氣濃度不足的情況下，含碳的有機物就會在燃燒下產生大量一氧化碳。在足夠氧氣及溫度下，新型焚化技術就能夠減少上述有害物質的生成。

完全燃燒：

碳 + 氧（大量）　━━━━▶　二氧化碳

$C (s) + O_2 (g) \longrightarrow CO_2 (g)$

不完全燃燒：

碳 + 氧（不足）　━━━━▶　一氧化碳

$C (s) + \frac{1}{2} O_2 (g) \longrightarrow CO(g)$

減廢回收已於香港推動多年，但成效仍然欠佳，而使用焚化爐能有效將都市固體廢物的體積減少 90%[05]，每日可處理 3,000 公噸的廢物，焚化中所收集的熱能更可用來發電，因此成為達至零廢堆填的重點推行項目。按成效而言，這技術實在是十分吸引，為何還會出現反對聲音？

焚化爐燃燒廢物的過程中會產生廢塵微粒，當中更含有二氧化硫、氮化物、重金屬（例如鉛、鎘）等對身體有害物質，長期吸入會對肺、肝、腎等內臟造成嚴重損害。此外，燃燒塑膠時亦會製造出二噁英，這種難以分解的致癌物一旦在食物鏈中累積，最終受害的仍是食物鏈頂端的人類。另一邊廂，支持者則提出新式的技術加入急速降溫技術，可以大大降低二噁英的排放量至對人體安全的含量。縱觀世界各地，使用焚化爐並不算新鮮事，德國、日本、瑞典等地配合焚化技術及回收堆肥，已將對堆填的使用比例降至 10% 以下，當中日本更擁有約 1,700 個焚化爐，佔該國廢物處理方式的 78%，但未見對民眾健康構成影響，不過到底會否構成長期問題，相信需要更多的研究及監察才可下定論。

焚化、氫裂化及細菌可解垃圾圍城？

除了對焚化爐運作時的擔憂，其選址也存在重大爭議。為取得足夠土地興建綜合廢物管理設施，政府將於石鼓洲的西南面進行填海，以建造 16 公頃的人工島。但填海會導致海洋生物失去原有的繁殖及棲息地，令部分物種面臨絕種危機。

此外，填海需要浚挖海床以提供額外用地及海底電纜的連接，但此舉會影響附近海域出沒的中華白海豚及江豚的生態系統。海豚及江豚都以迴聲定位協助日常，牠們製造的聲音的反射，會被工程的嘈音干擾，以致影響牠們定位同伴、魚食、其他物件等，因此阻礙牠們溝通、覓食及導航的日常行為，令其生存條件變差。

印度太平洋江豚（Neophocaena phocaenoides）與海豚都是香港水域的居民。江豚習慣於東面及南面水域，例如石鼓洲、索罟群島及南丫島等出沒 06。根據《國際自然保護聯盟紅皮書》，江豚被列為「易危」級別。

面對現今迫切的堆填區垃圾爆滿問題，興建焚化爐能高效率地處理垃圾，卻可能對自然環境和人類社會構成難以評估的長遠破壞。展望將來，科學家正研發更有效而對環境影響降至最低的垃圾分解方法，重點研究對象之一就是難以被大自然分解的塑膠。美國有研究團隊提出以加氫裂化反應（Hydrocracking）將塑膠垃圾轉化為可作能源使用的液態燃料，如柴油、汽油等 [07]。這種技術利用高溫、高壓及催化劑將塑膠中長鏈烴類的碳 — 碳鍵分裂，形成屬於短鏈烴類的液態燃料。一方面解決塑膠問題，另一方面又能增加能源供應。

除了利用化學作用之外，微生物亦能用作於分解頑固的塑膠。於 2016 年，日本研究團員發現了一種能夠在六星期內將膠瓶中的苯二甲酸乙酯（簡稱 PET）薄膜分解的細菌 [08]，這種細菌被命名為大阪堺菌（Ideonella Sakaiensis）。大阪堺菌能夠釋放出一種名為 PETase 的水解酵素，對 PET 薄膜有較顯著分解作用。此後隨着蛋白質工程發展，使 PETase 能夠被改造成更高效的分解酵素。

英國樸茨茅斯大學研究團隊透過分析及改變大自然原有的野生型 PETase 的結構，發現改造後的 PETase 突變體可更有效地分解 PET，這基因改造工程的成功也有可能為處理垃圾問題帶來一線曙光。

結語：抑消費衝動　從源頭減廢

—

香港的垃圾問題自開埠以來持續積累，誰又希望香港成為「望落乾淨，其實暗藏邋遢」的地方？科技的發達為人們帶來便利，卻使人們過度製造出超越實際需求的產品，造成不必要的浪費。另一方面，科技同時亦是阻止日趨嚴重的垃圾問題的重要關鍵⋯⋯科技是好是壞，取決於人們的運用。但其實最治標治本的解決方法卻是最簡單——源頭減廢，減少衝動消費，適當地回收及重用資源。希望這篇文章能夠令你及身邊人更了解現今香港的垃圾情況，並開始為香港的環保及將來作出改變。

01　*Waste Woes in the World.* (2020, January 31). IMF. http://bit.ly/40hlVGn

02　綠色和平（2017 年 11 月 8 日）。《中伏一時污染一世 港人貪平網購「衣伏」年丟棄 580 萬件》。香港：綠色和平。取自 http://bit.ly/3TOO0Ax

03　環保觸覺（2021 年 8 月 19 日）。《網購包裝調查 2021 結果發佈》。香港：環保觸覺。取自 http://bit.ly/3X0TRpa

04　環境局（2021 年 2 月 8 日）。《香港資源循環藍圖 2035》。香港：環境局。取自 http://bit.ly/3O1K7qt

05　環境保護署（2019 年 2 月 18 日）。《廢物——問題與解決方案》。香港：環境保護署。取自 https://bit.ly/3GNtfl9

06　綠色力量（2018 年 6 月）。《隱藏的黑珍珠——江豚》。香港：綠色力量。取自 https://bit.ly/3XhlhoC

07　ScienceAdvances. Plastic waste to fuels by hydrocracking at mild conditions. ScienceAdvances. Retrieved April 21, 2021, from https://bit.ly/3ikylw3

08　Science. A bacterium that degrades and assimilates poly(ethylene terephthalate). Science. Retrieved March 11, 2016, from https://bit.ly/3ZeWXqJ

3.8

香港科學園

——探討本土科研育才未來路向

作者　Crystal 林雪

範疇　綜合

筆者身為一名香港土生土長的理科畢業生，一直都留意本土科研與創科景況，近年內地和香港均大力推動及資助科創發展，目標是成為科研中心。儘管香港是彈丸之地，而且一直以金融商貿經濟發展聞名，一時間也想不到有何本土創科成果，但其實香港不乏科研人才，近年更孕育了大大小小的科創企業，背後功臣除了一班年輕有為的科企創辦人，還有賴提供設備與初期資金的機構，當中不得不提香港科技園（下文簡稱科技園）公司，以及旗下位於沙田的香港科學園（下文簡稱科學園）。

淺談本土創科搖籃

—

科技園成立於 2001 年（科學園於翌年正式揭幕），作為香港創科業界的旗艦級機構，二十多年來通過不同計劃培育了逾 900 家企業，旗下各園區共有 1,100 間創科企業進駐 [01]，加速了商業化科研成果。目前從香港科技園孵化出來的科企，最出名的有貨運物流平台 Lalamove，以及 2021 年底在港上市的人工智能企業商湯科技（SenseTime）。至於作為研究基地的科學園和創新園，則無疑是把科創學者的心血帶到大眾眼前，由零到一的最重要環節。科學園以應用研究為主，提供不同設施以配合眾多科創企業的需要和發展；三個創新園則主攻生產，以再工業化為目標。此外還有從事商品設計，主要推動金融科技和電商的 InnoCenter，以及近期聯結各界企業建構的全虛擬實驗室 STP PLATFORM。

另外「INNOHK 創新香港研發平台」也值得關注，截至 2022 年已興建了 28 座頂尖實驗室，更協助香港科技大學成立了香港神經退行性疾病中心跨學科研究團隊。成果之一是科大第五任校長、晨興生命科學教授兼香港神經退行性疾病中心主任葉玉如教授，與其團隊於 2022 年 8 月發現阿茲海默症（Alzheimer's disease，俗稱老年痴呆）患者的一種血液蛋白正是發病機制關鍵，過程中 INNOHK 平台發揮重要作用，駁通了跨學科、跨院校共同協助合作，使葉教授團隊能進一步針對阿茲海默症研發新藥，將有助降低發病風險及改善患者病況 [02]。

香港科研不俗但為何仍未成為主流專業？

—

香港作為一個細小的城市，不但在學術上屢獲國際認可與肯定，亦擁有五所位列全球 100 強的大學，誠如 2022 年《施政報告》所言，「香港擁有發展為環球科研合作中心的紮實根基」。儘管我們在科研範疇具有相當實力，亦不欠缺培育人才的資源，研究的成績毫不失禮，然而在成功背後，我們仍面臨着大大少少的挑戰，要成為理想中的國際科研中心還有些少距離，其中本地人才的流失正正是香港正面對的難題之一。

QS 世界大學排名首 100 位內的本地大學（按學科分類）	
學科	大學（排名）
電機及電子工程	科大（28）、港大（43）、中大（66）、理大（76）、城大（85）
計算機科學及資訊系統	中大（26）、科大（29）、港大（39）、城大（74）、理大（92）
化學	科大（30）、港大（41）、中大（81）
化學工程	科大（40）、港大（54）
數學	科大（37）、中大（41）、港大（56）、城大（88）
物理及天文學	科大（50）、港大（67）
醫學	中大（29）、港大（40）

資料來源：2021 年 QS 世界大學排名

據世界經濟論壇 2015-16 年度全球競爭力報告指出，香港在「科技人員和工程師供應充裕度」只排第 41 名。之前提到本地不缺培育人才的院校，可是育才後要挽留他們在港發展才是難題。不少理科本科生畢業後放棄留港，選擇往內地或海外發展，伴隨着近年的移民風潮，無疑窒礙本地科研發展。

是甚麼因素令本地人才失去留港發展的信心呢？筆者歸納不同資料總結人才流失的兩大原因：

- 成果轉型未成氣候；
- 科研風氣有待加強。

成果轉型意指把學術成果商業化並應用於社會，雖然我們擁有科學園和數碼港等可以孵化科企的基地，政府亦大力鼓勵創科，然而相比起美國矽谷、中國內地的深圳、北京，香港的科創規模與配套真是小巫見大巫。

像筆者曾從事生物科技行業就明白到，要成功研發出新產藥物，除了投入大量時間與資源，更需要一幅很大的土地設立廠房及完善生產鏈，這對於地少人多的香港而言實是一大難題。幸好港府近年力推科研發展，在 2022 年的財政預算案就預留了 160 億元推進本地創科。又提倡善用創科生態圈，於深港河套地區港深創科園內設立「生命健康創新科研中心」，實行香港研發、深圳製造的概念，有大疆（DJI）這個極成功例子[03]，相信更多本港科技能運用深圳的優勢而大量生產，快速打進國際舞台。

至於科研風氣長期不景的原因，歸根究底都在於一個字「缺」——缺地、缺錢、缺心。

1 缺地：寫字樓租賃和生活成本太高

全球房地產服務供應商 Savills 發表的研究報告 *Live-Work Index 2018* 指出，在香港設立辦公室的成本屬全球最高水平[04]。就算是編碼寫程式毋須太多空間，創業者仍有住屋及租辦公室的需求，而選擇租金貴絕的香港明顯並不明智，因此不少人都會遷至鄰近的深圳河套區。若本地政策能作支援，例如為成功進入科技園的初創公司提供租金資助，變相可減輕其創業成本，加強留港研發的吸引力。

2 缺錢：從事科研的誘因不夠強

筆者就 2012 年至 2022 年間的中學文憑試（DSE）狀元選科做了個統計，當中僅一人表示有意報讀純理科，但揀選的是英國劍橋大學自然生物系。逾六成人選擇報讀醫科相關課程，其餘大都屬意商科及法學。看來踏上既穩定又高收入的專科之路，幾乎算是本地狀元們的傳統。

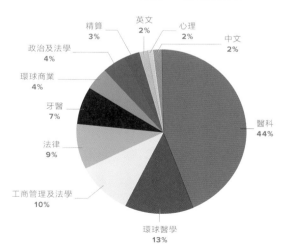

2012 至 2022 年各屆 DSE 狀元的心儀學科

試問有多少人既擁有聰明才智又能抵受金錢誘惑？根據科大公佈的《2021年本科畢業生就業調查報告》[05]，該校五所學院的畢業生中，平均月薪最高的是跨學科課程事務處，達54,804元，其次為商學院26,343元，理學院則包尾為20,004元，理科畢業生的本地薪酬待遇難以媲美其他穩定職業。筆者眼見不少同學報讀大學時為錢途而放棄修讀科學，又或者為興趣選了理科的，畢業後也向現實低頭轉投商界或教育。在此借用香港大學前校長徐立之教授主編的《香港創新科技業概況研究報告》（2015年12月）中的一句話來總結：「香港科學、科技、工程學及數學（STEM）畢業生的工作前景並不如商業、金融有吸引力，更不能與醫科及法律系大學畢業生相提並論，因此形成了一個科研和工程人員供求不足的惡性循環。」

3 缺心：社會對香港研發欠缺信心

成為科研人士不但需要大量專業知識，還要賠上青春與時間攻讀碩士博士再鑽研下去才有望成為權威。途中又要半工讀養活自己，更有機會要承受來自家人的壓力，而社會上更往往把理工科標籤為「噠銀時」、「乞食科」。當大眾都推崇「成功就是有樓有車」的觀念時，誰還想參與吃力不討好的科研工作？終致科學人才供給下跌，研究停滯不前，成果不足，社會又怎會對「香港研發」有信心？

香港把推動科研納入為政策目標之一，再配合科學園等機構在軟硬件方面的助力，顯然是一着好棋，猶如為本地科研業界打下強心針。由此而來的資金將增加科研機會及人才需求，鼓勵更多有志者投身科創，為理科生帶來了學以致用的機遇，這正是減少人才流失的關鍵。若同時着力推動科普，加強社會

整體對科研的認知、糾正「嗌銀時＝乞食」的觀念，甚至把科普融入潮流文化，相信在不久的將來，理科不會再被標籤為「乞食科」，而是受人歡迎的大熱課程。

結語：Future is now！

香港從一個小漁港逐步變成世界一流的國際金融中心，下一步就是邁向亞洲科創之城。一如特首李家超所說「沒科創，沒未來」，本港正在銳意轉型，不久必會迎來一波科技熱潮。如果大家對科學感興趣，又正好處於大學選科階段，請由認識本土科學出發，投入理科的藍海。筆者相信各位對香港的「愛」是一股動能，令「香港研發」可發光發熱！

未來，由科學帶領。
現在，由科普開始。

01　香港科技園公司旗下除了香港科學園之外，還負責管理位於九龍塘的創新中心（InnoCentre），以及在將軍澳、元朗和大埔的三個創新園（前稱工業邨）。

02　*HKUST Scientists Identify an Innovative Strategy Targeting a Blood Protein for Therapeutic Treatment of Alzheimer's Disease.* The Hong Kong University of Science and Technology. (n.d.). http://bit.ly/3E7PRuc

03　大疆創新（Da-Jiang Innovations, DJI）由香港科技大學電子與計算機工程學的研究生汪滔於 2006 年創立，總部設於深圳。截至 2020 年 10 月，大疆在全球商用無人機企業中排名第一，市佔率達 80%。

04　The British Business Group Vietnam. (2018, October 22). *Savills announce Live-Work Index 2018.* The British Business Group Viet Nam. http://bit.ly/40jovLT

05　Career Center, Dean of Students' Office, HKUST. (2021). *STATISTICAL SUMMARY Graduate Employment Survey 2021.* HKUST. http://bit.ly/3gdFmxy

▌後記

由參選第二屆「想創你未來－初創作家出版資助計劃」到寫後記的這一刻，這大半年來有幸得到許多人的幫助，本書才得以成功出版。

感謝非凡出版社的洪巧靜小姐對我們的信任與梁嘉俊先生不厭其煩地多次編改修輯，給予多次專業指導的麥嘉隆先生，還有香港出版界所提供的資助，以及支持 Inscie 突圍而出的各位評審。

特別感謝抽空監修文稿、幫忙確保本書的科學嚴謹性的高錦明教授、陳浩懷教授、劉培生教授、曾明蕙博士及張文峰博士。還有撥冗為本書作推薦的李祖喬先生、茹國烈先生及麥嘉慧博士。

自幼便喜愛閱讀的我，享受沉醉於作者的幻想世界，中學也多次嘗試過寫小說。即使單純地把自己的思緒用文字整理好，寫出來，就已經滿足了本人的創作心。現在居然還能夠呈現在大眾眼前，心裏實在有種難言的興奮與羞澀。容許我好真性情地講句：「今鋪真係估都估你唔到。」聽起來有點誇張，但對於一班廿多歲剛畢業的理科人而言，能夠得到資助出版一本書是多麼榮幸及可貴，說是圓了人生的一大心願也不過分。

四年說長不長，說短不短，感謝一路以來支持 Inscie 的讀者聽眾、幾位作者們的家屬朋友。老套一句，各位就是我們創作的動力，在香港地說科學仍是有未來的。希望下集再見！

Crystal 林雪

Inscie

自細就非常喜愛科學的我，經常都幻想未來對科學發展有重大貢獻，或者可以參與科學發現的重要時刻。可惜在大學時發現研究之路並不適合自己，不過「天無絕人之路」，機緣巧合之下發現「科普」的世界 —— 結合自己所擅長和所愛的科學 —— 並先後加入了兩個團隊，投入在科學普及化的目標中。

我的理念十分簡單：「提升世人對科學的關注度，並培養科學觀思維和批判性思考。」說來簡單，實際操作困難，前人已經嘗試亦努力過，Inscie 憑甚麼又可以脫穎而出呢？或許未來的我已經看破一切，但今時今日的我卻未清楚，而這不正好是體現科學精神的時候嗎？立論求知驗證，找出最有效的方法，持續改善自己，為自己的心願而努力，已經令我很開心了。

無論之後有幾多香港人認識 Inscie（當然愈多人識愈好啦），都希望大家會知道科學並不是高深莫測的。

小編 C
Inscie

我港理學
香港
今昔未來
微科學

Inscie —— 著

責任編輯	梁嘉俊
裝幀設計及排版	曦成製本（陳曦成、鄭建啟）

封面及章扉繪圖	何博欣 (Vivian Ho)
攝影	TYLER PHOTOGRAPHY
影片製作	喚夢製作
印務	劉漢舉

出版　非凡出版
香港北角英皇道 499 號北角工業大廈一樓 B
電話　　（852）2137 2338
傳真　　（852）2713 8202
電子郵件　info@chunghwabook.com.hk
網址　　　http://www.chunghwabook.com.hk

發行　香港聯合書刊物流有限公司
香港新界荃灣德士古道 220-248 號荃灣工業中心 16 樓
電話　　（852）2150 2100
傳真　　（852）2407 3062
電子郵件　info@suplogistics.com.hk

印刷　美雅印刷製本有限公司
香港觀塘榮業街六號海濱工業大廈四樓 A 室

版次　2023 年 4 月初版
©2023 非凡出版

規格　32 開（190mm x 130mm）
ISBN　978-988-8809-48-6

鳴謝　主辦機構　香港出版總會
贊助機構　香港特別行政區政府「創意香港」

本出版物獲第二屆「想創你未來 — 初創作家出版資助計劃」資助。該計劃由香港出版總會主辦，香港特別行政區政府「創意香港」贊助。

「想創你未來－初創作家出版資助計劃」的免責聲明：
香港特別行政區政府僅為本項目提供資助，除此之外並無參與項目。在本刊物／活動內（或由項目小組成員）表達的任何意見、研究成果、結論或建議，均不代表香港特別行政區政府、文化體育及旅遊局、創意香港、創意智優計劃秘書處或創意智優計劃審核委員會的觀點。